Verständliche Wissenschaft Band 108

Elmar R. Reiter

Strahlströme

Ihr Einfluß auf das Wetter

Mit 78 Abbildungen und 12 Tafeln

Springer-Verlag

Berlin · Heidelberg · New York 1970

Herausgeber der Naturwissenschaftlichen Abteilung:
Prof. Dr. Karl v. Frisch, München

Professor Elmar R. Reiter
Head, Department of Atmospheric Science
Colorado State University
Fort Collins, CO 80521/USA

Titel der englischen Originalausgabe:
Elmar R. Reiter
Jet-Streams — How Do They Affect Our Weather?
Copyright © 1967 by Doubleday & Company, Inc.

ISBN-13: 978-3-540-05034-6   e-ISBN-13: 978-3-642-95173-2
DOI: 10.1007/978-3-642-95173-2

Umschlaggestaltung: W. Eisenschink, Heidelberg

*Für Bernadette,
Reinhold und Christa*

Vorwort zur deutschen Auflage

Der Bevölkerungszuwachs und die Industrialisierung dieses Jahrhunderts haben den Menschen zum ärgsten Feind seiner Umwelt und damit seiner selbst werden lassen. Immer mehr kommt uns zum Bewußtsein, daß wir die Natur nicht ungestraft vergewaltigen dürfen. Die delikaten Gleichgewichtszustände, die in den Beziehungen der Lebewesen untereinander und zur toten Natur bestehen, sind leider allzuoft unüberlegt, ja sogar mutwillig gestört und zerrissen worden. Wo einst sich dunkle Wälder im Winde wiegten, gähnen heute Schutt- und Abfallhalden. Der Rhein, Symbol europäischer Einheit und Schauplatz europäischer Zwietracht, einst von Dichtern besungenes Ziel romantischer Pilgerfahrten, ist heute eine vergiftete Abwasserkloake, die ihren üblen Ausfluß weit hinaus in die Reinheit des Meeres ergießt. Es wächst eine Generation heran, der die Nachtigall nur aus dem Brockhaus bekannt ist, und die mit „Abendstille" und „über allen Gipfeln ist Ruh'" die Verkehrsstauungen um fünf Uhr und die roten, grauen und braunen Dämpfe aus hohen Schloten assoziiert.

Fast scheint es zu spät, der Zerstörungswut des Menschen in den Arm zu fallen. Was die Natur in Jahrmillionen gewoben und „das Maß aller Dinge" in wenigen Generationen zerstörte, kann nicht über Nacht in den Zustand unberührter Jungfräulichkeit zurückgeführt werden, besonders dann nicht, wenn uns die Grundkenntnisse über das Wirken der Umwelt fehlen. Industrie und Verkehr haben die Atmosphäre als willigen und wehrlosen Ablagerungsplatz giftiger Abgase auserkoren. Flugzeugtreibstoff verbrennt zu Tonnen von Wasserdampf, der in die ursprünglich trockene Stratosphäre geschüttet wird und, einer Wolke gleich, die Sonnen- und Wärmestrahlung beeinflußt. Atombomben — gefährliches Spielzeug in verantwortungslosen Händen — verseuchen immer noch, wenn auch nur selten, die Luft und streuen ihre unsichtbaren Strahlungskeime weit über Land und Meer.

Das vorliegende Buch will nichts anderes, als uns das „Leben"
der globalen Atmosphäre zu erklären und verstehen zu helfen. Die
Strahlströme, die wie Arterien die Luftmassen über weite Entfernungen pumpen, besitzen ähnlich wie die Blutgefäße des menschlichen Körpers wichtige Aufgaben. Sie üben einen grundlegenden
Einfluß auf Wetter und Klima und damit auf unser Wohlbefinden
aus. Sie hindern oder fördern den Flugverkehr und — wie die
folgenden Kapitel zeigen — führen abstrakte Schulphysik zu logi-
scher Anwendung.

Elmar R. Reiter

Inhaltsverzeichnis

X

Kapitel I

Die Entdeckung des Jet-Stream

Das Regime der Winde

Ob wilder Sturm oder lindes Lüftchen, ob heißer Schirokko oder kalter Polarwind, das Regime der Winde hat von jeher des Menschen Phantasie erregt, schon lange bevor er lernte, seine Gedanken auf Steinplatten oder auf Papyrus niederzulegen. Die alten Griechen glaubten, daß der Atem der Götter die Winde verursachte — z. B. der milde *Zephyrus*, der Gott der Westwinde. Die Römer erfuhren die Gewalt der Stürme, als sie mit ihren Galeeren das Mittelmeer durchpflügten. Die waghalsigen Wikinger hingegen nützten die Kraft der Winde aus, als sie die Küste Amerikas zum erstenmal erforschten. Die Kapitäne der spanischen Galeonen hatten zwar gelernt, die Gewalt der Winde zu bändigen, doch die Orkane und Hurrikane waren diesen stolzen Schiffen mehr als gewachsen, und die Korallenriffe des Karibischen Meeres machten manch eines Seeräubers Traum zunichte, sich mit Genuß und Ansehen inmitten seiner Schätze zur Ruhe zu setzen.

Die Seefahrer früherer Tage beobachteten die Launen der Atmosphäre und machten aus diesem Studium eine hohe Kunst. Die „Windjammer"-Kapitäne wußten wohl um die „Passatwinde", die in unserer Hemisphäre aus dem Nordosten gegen den Äquator wehen, und die in der Südhemisphäre aus dem Südosten kommen. In ihrer beständigen Verläßlichkeit ermöglichen sie eine schnelle „Passage" der Atlantischen und Pazifischen Wasserwüsten. Diese alten Seebären kannten die „äquatorialen Kalmen", wo Windstillen und launenhafte Brisen ein Segelschiff oft wochenlang gefangenhielten, während die mit Skorbut geplagten Matrosen ihre Rumbestände und Trinkwasservorräte ohne Aussicht auf Nachschub hinschwinden sahen. Die „Rossbreiten" waren ebenfalls den nachkolumbianischen Seefahrern bekannt. Sie erstrecken sich in der Nähe des 30. Grades nördlicher und südlicher Breite, wo leichte und wechselhafte Winde den Fortschritt hemmen, und manches kostbare Pferd, das für die Neue Welt bestimmt war, auf dem Kombüsentisch landen ließen (Abb. 1).

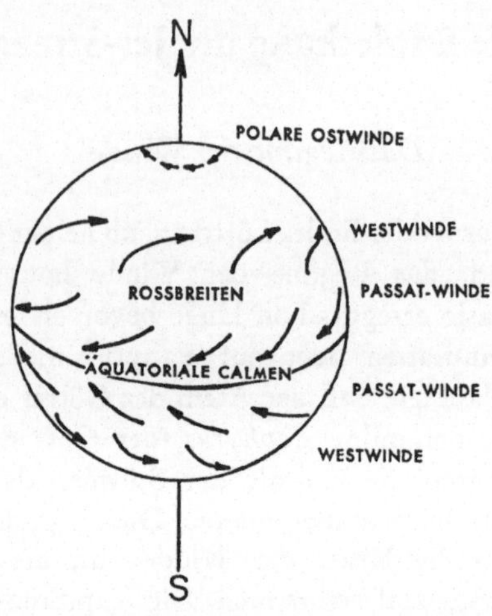

Abb. 1. Die Hauptwindsysteme, denen wir an der Erdoberfläche begegnen

Die sagenhaften Helden dieses Zeitalters der Eroberungen und der Abenteuer waren an die Erde gefesselt. Die Winde in den höheren Regionen der Atmosphäre kümmerten sie wenig. Doch gab es schon damals Träumer, die wie Ikarus fliegen wollten. Sie waren nicht damit zufrieden, den Zug der Wolken und den Flug der Vögel neidvoll zu betrachten. Obwohl Leonardo da Vincis Flugmaschinen nie über das Stadium des Zeichenbrettes reiften, war die Idee — einmal geboren — nicht umzubringen. 1782 wurden die Heißluftballone der Brüder Montgolfier ein französisches Tagesgespräch. Schon im nächsten Jahr erhoben sich Pilâtre de Rozier und d'Arlandes in einem dieser Ballone in die Lüfte. Berson und Süring erreichten im Jahre 1901 in einem gasgefüllten Ballon die erstaunliche Höhe von 10 800 m (35 430 Fuß). Auguste Piccard, der später wegen seiner Bathyscaph-Forschungsfahrten in die Tiefen der Ozeane bekannt wurde, schwebte mit seinem Ballon 1932 bis in eine Höhe von 16 770 m (55 020 Fuß). Die Amerikaner O. A. Anderson und A. W. Stevens erreichten 1935 die Höhe von 22 256 m (73 347 Fuß). 1956 startete die US-Marine einen bemannten Ballon mit einer druckgesicherten Gondel, die eine Höhe von 23 164 m (75 997 Fuß) erklomm. Unbemannte Meßballone erreichten Höhen über 35 km (114 000 Fuß).

Aus diesen Flügen wurde offenkundig, daß Winde und Stürme nicht erdgebunden waren, so wie die Götter der alten Griechen. Die Wolken werden nicht durch magische Ausstrahlungen oder durch irdische Kräfte gezogen oder geschoben; sie driften mit den Luftströmen. Das Zeitalter des Zeppelins oder des bemannten Ballons, welches wir mit der Ära des Segelschiffes vergleichen können, beschleunigte die Erforschung der Windsysteme. Doch so wie das Dampfschiff den „Windjammer" verdrängte, so verbannten Orville und Wilbur Wright den Zeppelin in die Vergangenheit, als sie 1903 ihre ersten Luftsprünge in einer propellerbetriebenen „Mausefalle" wagten. Kommerzielle Luftfahrtlinien woben seither ein dichtes Netz von Handel und Verkehr durch unsere Atmosphäre, und Wind und Wetter erfuhren neue Bedeutung.

Der Jet-Stream betritt die Bühne

Im Verlaufe des zweiten Weltkrieges entwuchs die Luftfahrt den Kinderschuhen. Die deutsche Luftwaffe erstellte den ersten Beweis einer effektvollen Luftkriegsführung. Britische und amerikanische Bombergeschwader trotzten den Gefahren schlechten Flugwetters. Es schien beinahe, als wäre die Kunst des Fliegens unabhängig von den Launen des Wettergottes geworden: Start bei schlechten Sichtverhältnissen, Blindflug und Instrumentenlandung verloren den Beigeschmack der Waghalsigkeit und wurden zur täglichen Routine. So zumindest mochte es dem Uneingeweihten erscheinen.

In Wirklichkeit jedoch stellten die Piloten immer höhere Ansprüche an die Wettervorhersager, die mehr als alles andere ihre Phantasie benützen mußten, um Prognosen für die Gebiete hinter den feindlichen Linien zu erstellen, für welche keine Wetterbeobachtungen vorhanden waren. Wenn die Luftpiraten vergangener Tage ihre fliegenden Kisten mit einem Stoßgebet bestiegen, so verlangten die Piloten der viermotorigen Bomber eine genaue Angabe der Höhenwinde entlang der Flugroute, der Wolken, der Sichtverhältnisse, der Vereisungsgefahr und der Turbulenz.

Solange sich die Bombenflüge und die Luftschlachten in Bodennähe hielten, erwiesen sich die Wettervorhersagen als mehr oder weniger zufriedenstellend. Gegen Ende des Krieges jedoch hatten die Flak und die lästigen kleinen Jagdflugzeuge die schwerbeladenen, schwerfälligen Bomber und die schlechtbewaffneten Aufklärungsflugzeuge in immer größere Höhen verdrängt. Flughöhen von 6 und 7 km wurden überschritten. Und dann, eines Tages, geschah es. Mit einiger Phantasie können wir den Ablauf der Dinge rekonstruieren.

Es war während des Unternehmens „San Antonio"[1], der Deckname für die präzise Bombardierung des Industriekomplexes von Tokio aus großer Höhe. Obenan auf der Liste der zu bombardierenden Ziele war Nakajimas Musashinofabrik, am Rande einer dicht bewohnten Vorstadt im Nordwesten von Tokio, etwa 10 Meilen vom Kaiserpalast entfernt. In dieser Fabrik wurde ein Großteil der Maschinen für die japanischen Kampfflugzeuge hergestellt.

Die Pläne für San Antonio I sahen eine Bombardierung bei Tageslicht aus ungefähr 10 000 m Höhe durch 10 bis 12 Geschwader zu je 9 bis 11 Flugzeugen vor. Jede Maschine hatte 5000 Pfund Bomben und 8070 Gallonen Treibstoff geladen. Die Maschinen des Typs B 29 des XXI. Bomberkommandos von Isley Field auf Saipan sollten den Auftrag durchführen. Ein Aufklärungsflugzeug des Typs F 13 hatte am 1. November 1944 die Information zurückgebracht, daß mindestens 150 Flakgeschütze zwischen Tokio und Funabashi verteilt waren. Diese Tatsache allein versprach den Besatzungen der Bombergeschwader einen Flug durch die Hölle über dem Zielgebiet. Überdies schätzte der Informationsdienst, daß etwa 400 bis 500 Jagdflugzeuge startbereit standen, um den B 29 einen würdigen Empfang zu bereiten. Trotzdem wurde der Ter-

---

1 Informationen und Zitate aus: The Army Air Forces in World War II, Vol. V. Hrsg.: W. F. Craven und J. L. Cate. Chicago: University of Chicago Press 1953.

min für San Antonio I auf den 17. November 1944 festgesetzt. Trotz aller Vorbereitungen war jedoch das Stück noch nicht bühnenreif.

„In völlig abnormaler und perverser Weise hatte der vorherrschende Ostwind nach Südwesten umgedreht, so daß die Startbahn ebenfalls in umgekehrter Richtung benützt hätte werden müssen. Auf der ansteigenden Piste des Flugplatzes Isley hätte dies einen Bergaufstart bedeutet, der zu jeder Zeit für die kampfbeladenen B 29-Bomber äußerst gefährlich gewesen wäre. In dem strömenden Regen, der immer noch fiel, als die Stunde des geplanten Startes heranrückte, wäre ein solches Manöver einem Selbstmord gleichgekommen. Der Geschwaderkommandeur ließ durch einen Jeep die Flugzeugkommandanten benachrichtigen, daß der Start um 1 Std verschoben würde. Doch nach 60 min zeigte der Regen keine Lust nachzulassen. Das Unternehmen wurde um 24 Std verschoben.“

So ähnlich ging es eine ganze Woche lang dahin — Planung, Verschiebung; Planung, Verschiebung. Die Nerven waren zum Zerreißen angespannt, und die Kampfflieger beschwerten sich darüber, daß die B 29 das beste Flugzeug war, das nie den Boden verließ.

Endlich, am 24. November, dämmerte klares Flugwetter, und um 6.15 Uhr rollte das erste Flugzeug, „Dauntless Dotty“, auf die Startbahn. 110 weitere B 29 folgten ihr nach und trugen insgesamt 277,5 t Bomben in die Luft. Die Route führte westlich der Bonin-Inseln vorbei, einen Taifun vermeidend, der nach Angabe der Wetterfrösche nordostwärts abzog. Die Flugzeugbesatzungen waren instruiert worden, den Luftangriff entlang einer Westostachse durchzuführen. Alles lief wie am Schnürchen — zumindest am Anfang.

Motorenschaden zwang 6 der großen Superforts den Flug nach Tokio aufzugeben und umzukehren. Mit solchen Ausfällen muß gerechnet werden. Der Rest des Geschwaders bewegte sich, von Südwesten kommend, dem Ziele zu. Während die Flugzeuge sich den japanischen Inseln näherten, nahm der Wind ständig an Geschwindigkeit zu. Als sie schließlich Tokio erreichten, hatten die Formationen, die zwischen 8000 und 9000 m gestaffelt waren, mit einem Wind von 220 km/h zu kämpfen, der die Flugzeuge eine Bodengeschwindigkeit von fast 720 km/h erreichen ließ. Unter den Bombern dehnte sich eine Wolkendecke, die das Zielgebiet fast ganz verhüllte. Nur 24 Flugzeugen gelang es ihre Bomben im Gebiet der Musashinofabrik abzuladen; 64 Bomber schütteten ihre Ladung auf Hafenanlagen und zivile Stadtgebiete. 35 Flugzeuge mußten zur Bombardierung ihr Radargerät benutzen. Bei diesen unerwartet hohen Windgeschwindigkeiten war es äußerst schwierig, die Bombendrift einzukalkulieren. Die greifbaren Resultate des Unternehmens waren daher äußerst entmutigend. Eine niedrige Wolkendecke behinderte die F 13-Aufklärungsflugzeuge. Ihre Luftaufnahmen zeigten lediglich 16 Bombenkrater im Zielgebiet. Die Fabrikleitung der Musashinoanlage notierte 48 Bombeneinschläge (inklusive 3 Blindgänger) in ihrem Fabrikgebiet. Der Schaden hielt sich bei etwa 1% der Gebäudeanlagen und bei etwa 2,4% der Maschinerie. Der Angriff forderte 57 Todesopfer und 75 Verwundete unter der Belegschaft.

Das Unternehmen San Antonio I fand am 27. November einen Nachfolger in San Antonio II. Das Ergebnis war nicht viel besser. Der „Jet-Stream" erwies sich bei seinem ersten Auftritt auf der Bühne der Geschichte als ebenso ernsthafter Gegner wie die feindlichen Flakbatterien und die Jagdflugzeuge. Der Abschlußbericht über die Kriegsführung mittels „Präzisionsbombardement" weist folgende Eintragung auf:

„Die Witterung stellte das größte Hindernis für eine erfolgreiche Bombardierung dar. Schwere Wetterfronten mußten häufig auf dem Flug nördlich der Marianen durchquert werden. Dies erhöhte den Treibstoffverbrauch, zerstreute die Flugformationen und machte die Navigation so schwierig, daß manche Besatzungen völlig ihren Kurs verloren. Über dem Zielgebiet fanden die Besatzungen nur selten atmosphärische Bedingungen, die sich für Präzisionsbombardement eigneten. Der Anteil der Flugzeuge, denen es gelang ihr Ziel visuell zu bombardieren, verringerte sich zusehends während der Wintermonate: im Dezember waren es 45%, im Januar nur mehr 38%, und im Februar gar nur 19%. Bombardement mittels Radar erwies sich nur selten erfolgreich. Das AN/APQ 13-Radar wurde in diesen großen Flughöhen oft von Störungen befallen, und die Radarmannschaft war im allgemeinen nicht genug trainiert, um optimale Resultate zu erzielen. Selbst unter geübten Händen wäre dieses Radargerät nicht imstande gewesen, die Ansprüche des Präzisionsbombardements zu erfüllen. Niedrige Wolkendecken, welche die Bombardierung erschwerten, waren der amerikanischen Luftwaffe von den bitteren Erfahrungen über Europa nichts Neues. *Jedoch die unerhört starken Winde, welchen sich die Flugzeuge in Flughöhe über Japan gegenübersahen, bedeuteten ein neues und höchst beunruhigendes Problem.* Mit Windgeschwindigkeiten, die 370 km/h und mehr erreichten, war es schwierig, die Flugzeugdrift zu korrigieren, und die Attacke mußte direkt mit dem Wind oder gegen den Wind geflogen werden. Japans bestverteidigte Städte direkt im Atem eines 370 km/h starken Orkanes anzugreifen, war undenkbar. Im Fluge mit dem Wind erreichten die B 29 Bodengeschwindigkeiten von mehr als 800 km/h. Unter diesen Umständen konnten weder die Zielgeräte noch die Bomberbesatzungen ordnungsgemäß funktionieren. Überdies machten es die starken Winde den Besatzungen unmöglich eine zweite Attacke zu fliegen, falls die erste fehlschlug. Hatte ein Navigationsfehler das Flugzeug in eine Position windabwärts vom Ziel gebracht, so konnte es sein, daß der Angriff überhaupt nicht geflogen werden konnte."

Die Begegnung mit dem Jet-Stream war einer der wichtigsten Faktoren, die eine Änderung der Kriegstaktik mit sich führten. Am 9. März 1945 waren alle Vorbereitungen für den ersten Tiefflugangriff mit Brandbomben auf Tokio getroffen. 334 B 29-Flugzeuge starteten von Guam mit insgesamt 2000 t Bomben an Bord. Sie erreichten ihr Ziel nach Mitternacht, mit einer Flughöhe zwischen 1500 m und 2800 m. Die Heckschützen der Bomber konnten über 250 km während des Heimfluges den von der Feuersbrunst erleuchteten Nachthimmel beobachten.

Noch bevor die amerikanischen Bomber den geheimnisvollen Winden über Japan begegneten, traf das Schicksal ein einsames Junkers-Aufklärungsflugzeug, das über dem östlichen Mittelmeer kreuzte. Die schwarzen Kreuze auf seinen enorm langen Flügeln und an seinem Rumpf identifizierten es als ein Flugzeug der deutschen Luftwaffe. Es war einer jener langweiligen Flüge, auf denen man nichts anderes zu tun hatte, als die Wolken und die britische Flotte tief unter sich zu beobachten. Das Flugzeug war völlig unbewaffnet. Sein bester Schutz bestand in seiner unerhörten Flughöhe von etwa 17 km, welche weder von feindlichen Flugzeugen, noch von Flakgeschützen erreicht werden konnte. Teure

Präzisionskameras, von den besten Ingenieuren des Reiches erzeugt und eingebaut, waren seine einzige Bewaffnung.

Die Besatzung hatte denselben Flug schon oft vorher gemacht. Zypern war schon vor einer geraumen Weile überflogen worden. Es war Zeit den Heimflug anzutreten. Die vielen Meter Film würden sicherlich den militärischen Geheimdienst eine geraume Zeit beschäftigt halten. Dieser Idiot von einem Wetterbeobachter, der einen Wind von über 300 km/h meldete, bevor er seinen Ballon aus dem Gesichtsfeld verlor: Er hatte wohl durch eine Weinflasche geguckt, anstatt durch einen Theodoliten.

Ein paar Stunden später erreichte ein verstümmelter „SOS-Ruf" den deutschen Stützpunkt auf Kreta. „Starke Gegenwinde... können Stützpunkt nicht erreichen... müssen auf See notlanden..."

Der Jet-Stream hatte sein Opfer gefordert.

Nachdem wiederholte Berichte von unglaublich starken Winden über Japan den amerikanischen Generalstab erreichten, wurde ein systematischer Forschungsangriff auf dieses äußerst interessante Phänomen der Atmosphäre gestartet. Heutzutage sind die Strahlströme genau vermessen, wohl erforscht und in ihrer Mechanik verstanden — zumindest in ihren großräumigen Belangen. Zwei Jahrzehnte nach seiner Entdeckung wissen wir, daß der Jet-Stream in drastischer Weise unser Wetter und unser Klima beeinflußt. Die Strahlströme transportieren Wärme und Energie. Sie stellen einen der bedeutendsten Einflüsse der Zirkulation der Atmosphäre dar. Doch selbst heutzutage vermögen sie mit ihren Launen den Luftverkehr und die Wettervorhersager in Verzweiflung zu setzen. Manchmal tragen sie Flugzeuge mit Rekordgeschwindigkeit über Land und Meer, indem sie mit kräftigen Rückenwinden den Flug der Maschinen unterstützen. Manchmal jedoch muß zusätzlicher Treibstoff geladen werden, um den Kampf gegen starke Gegenwinde zu ermöglichen. Die Treibstoffladung geht jedoch auf Kosten der Nutzlast.

Die Meteorologen fanden heraus, daß besonders im Winter und Frühling außergewöhnlich starke Winde aus West bis Südwest über den japanischen Inseln vorherrschen. Einmal wurde sogar von einem Flugzeug über Tokio eine Windgeschwindigkeit von 650 km/h vermessen. Windgeschwindigkeiten von 400 km/h sind

keine Seltenheit in Flughöhen zwischen 10 km und 14 km über
dem Meeresniveau. Über dem Mittelmeer kann man einen ähnlichen Strom äußerst schneller Luftbewegung finden, doch ist er
hier nicht so beständig wie über Japan. Es war daher keineswegs
ein Zufall, daß die Alliierten Kräfte sowie die deutsche Luftwaffe
fast gleichzeitig über dieses meteorologische Phänomen stolperten.
Die Entdeckung des Jet-Stream lag vielmehr im Zeichen der sich
rasch entwickelnden Technologie: Wie lange würde es dauern bis
der Flug des Menschen Höhen erklomm, die weit über der Flügel-
kraft der Vogelwelt lagen?

Man entdeckte weiterhin, daß diese starken Winde in relativ
engen Strombänden auftraten, die nur etliche 100 km breit waren,
jedoch zur gleichen Zeit etliche 1000 km in ihrer Länge maßen.
Da es den ersten Piloten, die gegen diese Winde ankämpften, so
schien, als sei die Luft aus einer gigantischen Düsenöffnung geblasen, erschien der Name „Jet-Stream" oder „Strahlstrom" ange-
messen. Bald wurde jedoch offenkundig, daß dieser Vergleichsaus-
druck nicht gerade der Sachlage entsprach. Im Luftraum gibt es
keine großen Düsen, durch welche diese Winde geblasen würden.
Sie fangen nicht etwa an einer gewissen Stelle an, so wie ein Was-
serstrahl aus dem Ende eines Gartenschlauches schießt: Die Strahlströme könnten vielmehr mit großen Strömen von Luftmassen
verglichen werden, die sich in Mäander legen, und so wie ein Fluß
sich beschleunigen und verzögern, während sie dahinziehen. Der
Name „Jet-Stream" blieb diesen Strömen jedoch haften, so etwa
wie sich ein Werbeschlagwort dem Gedächtnis einprägt. Da die
Amerikaner und die Deutschen fast gleichzeitig in spürbarer Weise
auf seine Existenz stießen, wurde der Jet-Stream vom ersten Augenblick seiner Entdeckung an zu einem internationalen Phänomen.
Leider wurde dieser zündende Name bald fälschlich für jede kleine
Brise angewandt, die sich durch den Luftraum schlängelt. Die
Meteorologische Weltorganisation (World Meteorological Organization, WMO), mit ihrem Hauptquartier in Genf, Schweiz, fühlte
sich daher veranlaßt, etliche „Spielregeln" für das Verhalten des
Jet-Stream zu Papier zu bringen. Die folgende Definition wurde
allgemein anerkannt:

*„Ein Jet-Stream ist eine starke und relativ schmale Luftströ-
mung, die entlang einer quasi-horizontalen Achse in der oberen*

Troposphäre oder in der Stratosphäre konzentriert ist und die durch starke vertikale und laterale Windscherungen charakterisiert ist. Diese Strömung mag ein oder mehrere Windmaxima aufweisen."

Die Struktur der Atmosphäre

Einiges an der technischen Terminologie in dieser WMO-Definition bedarf zusätzlicher Erläuterung. Wir beobachten, daß in der unteren Atmosphäre die Temperatur normalerweise mit der Höhe abnimmt. Diese Temperaturabnahme läßt sich bis in ein gewisses Niveau beobachten. Die *maximale* Temperaturabnahme beträgt 1 °C pro 100 m Höhenunterschied (1 °C/100 m) oder 3 °C pro 1000 Fuß (3 °C/1000 Fuß). Unter spezifischen Wetterbedingungen

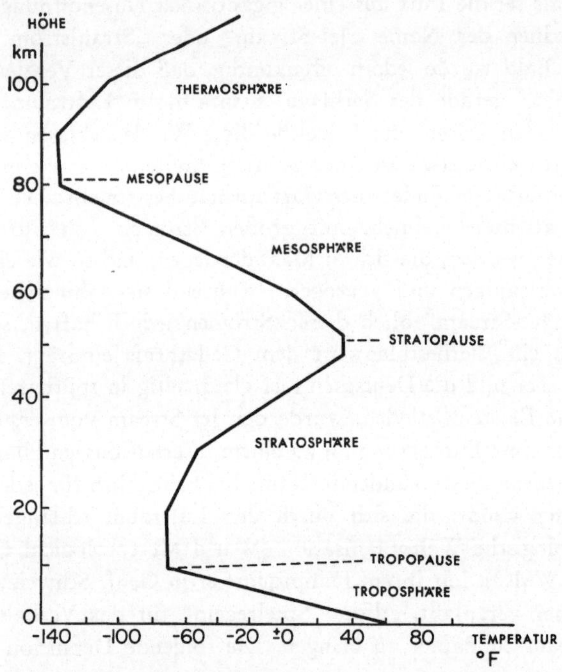

Abb. 2. Die mittlere Temperaturverteilung der Atmosphäre, aufgetragen als Funktion der Höhe, zeigt die „Pausen" an, an denen die Temperaturkurve scharfe Knicke aufweist

10

mag diese Temperaturabnahme wesentlich geringer ausfallen. Die Luftschicht, über welche eine derartige Temperaturabnahme beobachtet wird, nennt man die *Troposphäre* (Abb. 2). Diese ist über dem Pol ungefähr 8 km, über dem Äquator jedoch etwa 16 km tief. In dieser tiefen atmosphärischen Schicht entstehen die Wolken und spielt sich das Wetter ab.

Oberhalb dieser Schicht bleibt die Temperatur zunächst nahezu konstant und nimmt dann bis in eine Höhe von annähernd 50 km zu. Diese Schicht heißt die *Stratosphäre*. Die Fläche, welche die Troposphäre von der Stratosphäre in imaginärer Weise trennt, nennen wir die *Tropopause*.

Oberhalb 50 km nimmt die Temperatur wiederum bis 80 km hin ab. Diese Schicht nennen wir die *Mesosphäre*. Die *Stratopause* und die *Mesopause* sind die beiden Flächen, die die untere und die obere Begrenzung der Mesosphäre bilden.

Oberhalb 80 km nimmt die Temperatur ständig bis in den äußeren Weltraum hin zu. Sie erreicht Werte von über 1000 °C. Diese Zahl hat jedoch wenig praktische Bedeutung, denn in diesen großen Höhen ist kaum noch Luft vorhanden, die derartige Temperaturen „spüren" könnte. Wegen des Mangels an atmosphärischer Substanz ist nur wenig *Wärmeenergie* mit diesen hohen Temperaturen verbunden. Satelliten, die in diesen Höhen kreuzen, spüren nur wenig von diesen Temperaturen. Diese luftige Region oberhalb der Mesopause, in welcher die Temperatur mit der Höhe zunimmt, heißt *Thermosphäre*.

Was verursacht diese merkwürdige Temperaturverteilung in der Atmosphäre? Überall wo wir hohe Temperaturen finden, muß offensichtlich eine Energiequelle vorhanden sein. Diese Notwendigkeit macht eine Erklärung der beobachteten Temperaturverteilung äußerst leicht, denn die ursprüngliche Quelle der atmosphärischen Energie ist unsere Sonne.

Die Erdoberfläche absorbiert Strahlung. Sollten Sie dies nicht glauben, dann versuchen Sie nur einmal an einem sonnigen Sommertag barfuß eine asphaltierte Straße zu überqueren. Die Wärmeenergie des Bodens wird an die Atmosphäre abgegeben und wird durch *Thermik*, d. h. durch „Konvektionsblasen" nach oben verfrachtet. Segelflugpiloten, sowie Möwen und Mauersegler wissen genau, wie man sich diese Aufwärtsbewegung warmer Luft zu

Tafel I. Cumulus congestus (sich türmender Kumulus). Photo: John Marwitz, Colorado State University

Nutze machen kann. Diese Aufströmung läßt sie ohne Kraftanwendung in großen Höhen verharren. Wenn die Warmluft jedoch aufsteigt, so kommt sie unter das Regime eines niedrigeren Luftdruckes. (Der Luftdruck nimmt nach oben hin ab, denn Druck ist nichts anderes, als das Gesamtgewicht der Luftsäule über dem Beobachtungspunkt. Begeben wir uns in größere Höhe, so ist zusehends weniger Luft über unserem Standort, daher nimmt der Luftdruck bei Aufwärtsbewegung ab.) Während der Druck in dem aufsteigenden Luftpaket abnimmt, kühlt sich die Luftmasse ab. Sie folgt dabei demselben Prinzip, das einen Kompressorkühlschrank funktionieren läßt. Wir wissen nun, warum die untere Region der Troposphäre (so wie in Abb. 2 gezeigt) warm ist: Hier erhält die Luft ihre Wärmeenergie vom Erdboden. Wir wissen auch, warum die Temperatur in der Troposphäre mit der Höhe abnimmt: Die aufsteigende Warmluft dehnt sich unter dem niedrigeren Luftdruck ihrer Umgebung aus und kühlt sich bei diesem Expansionsprozeß ab.

Ist in der aufsteigenden Luft genügend Wasserdampf vorhanden, so kondensiert er in kleine Tröpfchen, während der Kühlungsvorgang anhält. Auf diese Weise bilden sich Wolken. Etliche Wolkenformen zeigen klar und deutlich die Gestalt und den Umfang der aufsteigenden „Blasen" warmer Luft. Wir nennen diese Wolken Kumuluswolken. Erreichen diese Kumuluswolken große horizontale und vertikale Ausmaße, so können sie Schauer und *Gewitter* verursachen. Wir nennen sie in diesem Fall Kumulonimbus-Wolken. In unseren geographischen Breiten erreichen solche Wolken oft Höhen von über 10 km. Haben Sie jemals eine Kumulonimbus-Wolke während ihrer Bildung beobachtet, so werden Sie festgestellt haben, daß sie einem gigantischen Blumenkohlkopf ähnlich sieht, der sich in glänzendem Weiß in der Sonne badet (Tafel I). Plötzlich jedoch, im Verlauf von 10 oder 15 min, zerfranst die Oberfläche der Wolke. Der „Blumenkohlkopf" hört auf in vertikaler Richtung zu wachsen, und seine Oberseite breitet sich in horizontaler Richtung aus. Offensichtlich ist der Aufstieg der Warmluftblasen innerhalb der Wolke (welche der Wolke ihre blasenartige Kohlgestalt geben) auf einen Widerstand gestoßen: die Kumulonimbus-Wolke hat die *Tropopause* erreicht.

Von diesen und ähnlichen Beobachtungen können wir die Aussage treffen, daß die Tropopause eine Obergrenze für aufsteigende

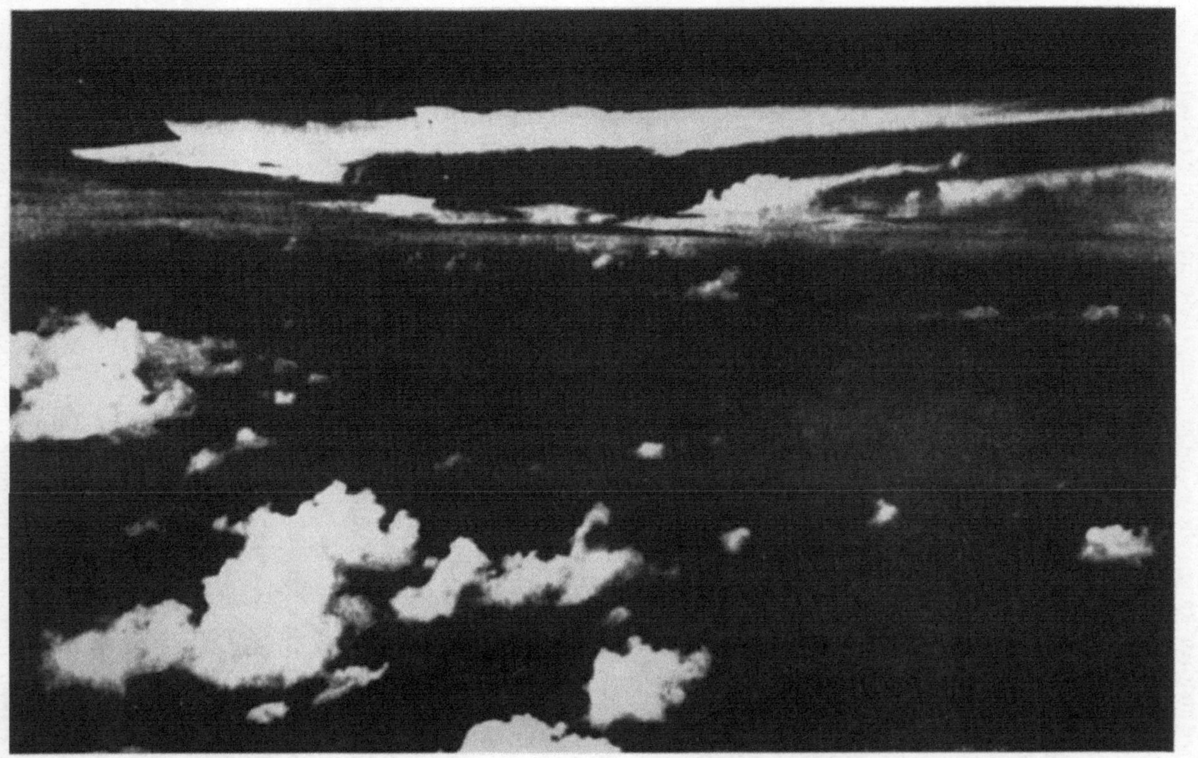

Tafel II. Kumulonimbuswolken (Gewitterwolken) nordöstlich von Puerto Rico. Starke vertikale Windscherungen in der Nähe der Tropopause tragen die Zirrenwolken des „Amboß" in einer langen Fahne davon. Photo: J. S. Malkus

Luftmassen, d. h. für *konvektive Bewegungen* darstellt. Dieser *terminus technicus* wird in der Meteorologie für wärmeerzeugte Aufwärtsbewegungen verwendet. Die Stratosphäre wird wenig von derartigen Kovektivbewegungen beeinflußt. Ihre Temperatur ist hauptsächlich von Strahlungsvorgängen und von horizontalen Luftströmen kontrolliert. Zu den letzteren gehört auch der Jet-Stream.

Gewitter bilden sich häufig in der Nähe des Strahlstromes aus, wie wir in Kapitel VII noch sehen werden. Der Einfluß starker Windscherungen in der Nähe der Tropopause wird dadurch bildhaft gemacht, daß zerfranste Zirruswolken in langen Schleiern aus dem Bereich des Kumulonimbus abdriften, und oft in weiter Entfernung von der Gewitterwolke beobachtet werden können (Tafel II).

Das Temperaturmaximum in 50 km Höhe (Abb. 2) und die zunehmenden Temperaturen jenseits von 80 km können ebenfalls in einfacher Weise erklärt werden. Ein Teil der Sonnenstrahlung wird absorbiert, während sie die Atmosphäre durcheilt. Die Atmosphäre wird immer dichter, je weiter die Sonnenstrahlen vom Weltraum herkommend gegen den Erdboden hin vordringen. Es stellt sich ein gewisses Gleichgewicht zwischen der Wellenlänge des Lichts, der Stärke der absorbierten Strahlungsenergie und der Dichte der Atmosphäre ein. Die spärlichen Luftmoleküle, die in großer Höhe „herumschwimmen", absorbieren Röntgenstrahlung und andere kurzwellige Strahlung der Sonne. Diese Absorption erzeugt die hohen Temperaturen in der Thermosphäre. Diese kurzwellige Strahlung ist so kräftig, daß sie Elektronen aus den Luftatomen und -molekülen herauszustoßen vermag. Dadurch erfahren diese Atome eine elektrische Aufladung und werden zu *Ionen.* Wir nennen daher diese hohen Schichten der Atmosphäre die *Ionosphäre.* Diese elektrisch geladenen Luftschichten vermögen Radiowellen zu reflektieren. Auf Grund des Reflexionsvermögens der Ionosphäre wird es uns möglich, Radioprogramme über große Entfernungen hin zu empfangen (Abb. 3).

Ultraviolettes Licht wird in der Nähe und unterhalb des 50 km-Niveaus absorbiert, und zwar hauptsächlich durch die Sauerstoffmoleküle in der Luft. Dieser Vorgang verursacht das Temperaturmaximum in dieser Region. Wie wir in Kapitel VI noch näher sehen werden, ist ein starker Strahlstrom — der sog. *Polarnacht-Jet-Stream* — mit diesem Knick im vertikalen Temperaturprofil verbunden. Die Energie des Ultraviolettlichtes spal-

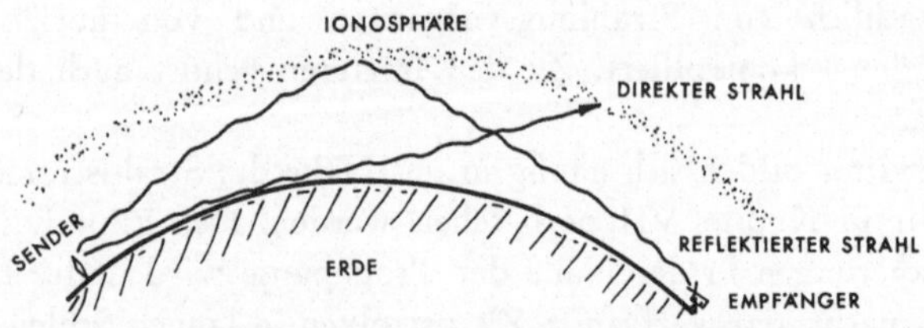

Abb. 3. Der Radioempfang über große Entfernungen hängt von der Reflexion der Radiowellen an ionosphärischen Schichten ab. Der direkte Strahl des Senders (links) erreicht nur verhältnismäßig wenige Hörer. Der reflektierte Strahl kehrt zur Erde zurück und kann von einem Empfänger (rechts) weit unter dem Horizont aufgenommen werden

tet einen großen Teil der Sauerstoffmoleküle in je zwei Sauerstoffatome. Manche dieser Atome vereinigen sich wiederum mit Molekülen von Sauerstoff und bilden Ozon, oder, in der Sprache der Chemiker, O_3. Ozon hat einen stechenden Geruch und ist höchst giftig. Höhensonnen, Ultraviolettlampen und elektrische Blitzentladungen erzeugen ebenfalls Ozon in geringen Mengen. Dieser verursacht den eigentümlichen Geruch, der manchen in Betrieb befindlichen Elektrogeräten anhaftet.

Aus der vorangegangenen Diskussion ersehen wir, daß die Atmosphäre gewissermaßen als Filter gegen tödliche Dosen von Röntgenstrahlung und Ultraviolettlicht wirksam ist. Ohne diesen Filter könnte sich Leben auf der Erde nur schwer behaupten. Die antibiotischen Eigenschaften von Ultraviolettlicht vermögen selbst Bakterien zu töten. Dies ist der Grund dafür, warum Blaulichtlampen dazu benützt werden, um die Ausflußöffnungen von Getränkeautomaten zu sterilisieren.

Während die Atmosphäre die kurzwelligen Komponenten der Sonnenstrahlen ausfiltert, absorbiert sie deren Energie, welche großräumige Luftzirkulationssysteme antreibt. Die Strahlströme in der Stratosphäre, die wir in Kapitel VI noch näher erläutern werden, ernähren sich aus diesem Energiereservoir, welches durch die Sonnenstrahlung geschaffen wurde.

Kapitel II

Flügel im Luftmeer

Das dichte Flugverkehrsnetz, das heutzutage Länder und Meere überspannt, erfordert eine genaue Kenntnis der Winde im allgemeinen und der Strahlströme im besonderen. Die Zuverlässigkeit der Wettervorhersagen, die von den verschiedenen meteorologischen Diensten ausgegeben werden, hängt in entscheidender Weise von der Genauigkeit ab, mit der die einzelnen meteorologischen Parameter, wie z. B. Wind und Temperatur, in der freien Atmosphäre gemessen werden können. Wenn wir uns auf diese Messungen nicht verlassen können, so können wir den Vorhersagen ebensowenig Glauben schenken.

In Bodennähe ist der Wind verhältnismäßig leicht zu messen: In erster Annäherung brauchen wir nur einen feuchten Finger in die Luft zu strecken. Wir können auch das Wiegen und Biegen der Gräser und Bäume beobachten. Oder wir mögen vielleicht die Schwierigkeit abschätzen, mit der wir uns, gegen einen Sturm ankämpfend, auf den Beinen zu halten versuchen. Stellen wir jedoch höhere Anforderungen an die Genauigkeit, so messen wir die Windstärke mit einem Anemometer — drei oder vier kleine Schalen, die an einem rotierenden Achsenkreuz montiert sind, dessen Umdrehungszahl proportional der Windgeschwindigkeit ist (Tafel III).

Winde in den höheren Atmosphärenbereichen zu messen ist schon eine etwas schwierigere Sache. Wir können zwar die Drift der Wolken beobachten, doch kann uns deren Zuggeschwindigkeit leicht irreführen, falls wir die Wolkenhöhe nicht genau kennen. Für den meteorologischen Vorhersagedienst benötigen die Windangaben wesentlich größere Genauigkeit als diese groben Abschätzungen zu bieten vermögen.

Bevor wir den Angaben über den „Jet-Stream" Glauben schenken können, wollen wir uns besser über die Methoden informieren, mit denen diese Angaben erhalten wurden.

Tafel III. Das Gerät, das wie ein Lampenschirm aussieht, ist ein strahlungsgeschütztes Gehäuse, in dem empfindliche Thermometer untergebracht sind. Photo: National Bureau of Standards, Boulder (Colorado)

Maßeinheiten

Im Prinzip ist es völlig gleichgültig in welchen Einheiten wir den Wind messen, seien es Meilen pro Stunde oder „Ellen per Augenblick". *Messen* heißt, die Größe oder das Gewicht eines Gegenstandes mit einem *Maßstab* zu vergleichen, der völlig willkürlich gewählt werden kann. Offensichtlich zogen es viele Leute vor, einen Maßstab zu verwenden, den man leicht mit sich herumtragen konnte. So kam es, daß sich der „Fuß" als Längeneinheit eingebürgert hat und noch heute in den englischsprachigen Ländern, besonders in den USA, als Maß gebraucht wird. Eine Schwierigkeit entstand aus der Laune der Natur, die manche Leute mit zierlichen Füßchen, andere wieder mit übergroßen Schuhnummern ausrüstete. Um beim Einkauf nicht übervorteilt zu werden, vereinigten sich die Träger kleiner Schuhgrößen gegen die Besitzer großer Plattfüße und erzwangen die Einführung eines *Standard-* oder *Ur-Fußes* als Längeneinheit. Mit dieser willkürlichen Entscheidung war nun jeder zufrieden, obwohl damit die Annehmlichkeit verlorenging, einen genauen Maßstab am eigenen Körper zu tragen.

In der Definition der Zeit bot uns die Natur den Tag als bequeme Grundeinheit an. Als jedoch die Uhren zunehmend genauer wurden zeigte sich, daß die Tage eines Jahres nicht alle dieselbe Länge haben. Wiederum mußte ein Einheitsmaß, der sog. *mittlere Sonnentag,* eingeführt werden, mit einer Unterteilung in 24 gleich lange Stunden (obwohl manche länger erscheinen mögen als andere).

Wir erinnern uns, daß

$$\text{Geschwindigkeit} = \frac{\text{durchmessene Wegstrecke}}{\text{Zeit}} \tag{1}$$

oder, in symbolischer Sprache

$$V = \frac{L}{T}. \tag{2}$$

Wir können nunmehr beliebige Längen- und Zeiteinheiten zu neuen Einheiten der Geschwindigkeit kombinieren. Die Windgeschwindigkeit kann daher ausgedrückt werden in:

Fuß pro Sekunde

Landmeilen pro Stunde

Knoten oder Seemeile pro Stunde (kn)
Meter pro Sekunde (m/sec)
Kilometer pro Stunde (km/h)

Die letzten beiden Einheiten gehören dem sog. CGS-(Centi-meter-Gramm-Sekunden-)System an, eine der wenigen Errungen-schaften der Französischen Revolution. Das Meter sollte den zehn-millionsten Teil der Distanz zwischen Pol und Äquator darstellen. Leider ließen jedoch die Messungen, von denen die Länge eines Meters abgeleitet wurden, etwas an Genauigkeit zu wünschen übrig. Außerdem ist die Erde mit ihren Gebirgen und Tälern keine ideale Kugel. Daher sind nicht alle Meridiane gleich lang, und selbst wenn die Franzosen bei ihren Messungen gewissenhafter gewesen wären, müßten wir immer noch ein *Standard-* oder *Ur-Meter* definieren. An den USA ist die CGS-Revolution zunächst erfolglos vorübergegangen, und nur langsam setzt sich dort gegen-wärtig dieses Maßsystem in Wissenschaft und Forschung durch. Es erscheint daher angebracht, in folgender Tabelle die verschiede-nen Maßeinheiten der Geschwindigkeit, die in der Meteorologie und in anderen Gebieten der Physik und Technik üblich sind, zu vergleichen.

Tabelle I. *Umrechnung von Maßeinheiten der Geschwindigkeit*

	Ein(e)				
	Fuß pro sec	m/sec	Landmeile pro Std	kn	km/h
			ist gleich		
Fuß pro sec	1,0	3,281	1,467	1,689	0,911
m/sec	0,305	1,0	0,447	0,515	0,278
Landmeile/Std	0,683	2,237	1,0	1,152	0,621
kn	0,593	1,943	0,868	1,0	0,540
km/h	1,098	3,600	1,609	1,853	1,0

Die gebräuchlichsten Einheiten für Windgeschwindigkeit sind Knoten (in den USA) und m/sec (in Europa sowie in der inter-nationalen wissenschaftlichen Literatur). Als Faustregel kann man sich merken, daß 1 m/sec ≙ 2 Knoten. Obige Tabelle möge Ihnen auch helfen, falls Sie mit Ihrem Porsche die USA durchqueren und mit einem amerikanischen Verkehrspolizisten über ein Strafmandat wegen Geschwindigkeitsüberschreitung in Meinungsverschiedenheiten geraten.

Was ist ein Vektor?

Es ist offensichtlich nicht genug, mit der *Geschwindigkeit* allein einen gewissen Wind zu beschreiben. Schließlich besteht doch ein Unterschied darin ob wir in einem Südwind von 20 Knoten schwitzen, oder in einem Nordwind von 20 Knoten mit den Zähnen klappern. Wir brauchen also zwei Größen, um einen Wind zu beschreiben:

seine *Geschwindigkeit* oder Stärke und seine *Richtung*.

Variable, welche sowohl eine Größe als auch eine Richtung besitzen, nennen wir Vektoren (aus dem Lateinischen *vehere* = tragen). Andere Variable, die nur eine *Größe* allein besitzen, nennen wir *Skalare* (vom Lateinischen *scalae* = Stufen).

Der Gebrauch von Skalaren ist äußerst einfach: wir brauchen sie nur zu addieren oder zu subtrahieren, je nach ihrem Vorzeichen und ihrer Größe. Ein typischer Skalar ist die Temperatur. Angenommen das Thermometer zeigt 10 °C. Steigt die Temperatur um 5 °C, so zeigt die endgültige Ablesung 15 °C an.

Vektoren sind etwas schwieriger in ihrer Behandlung. Wir haben bereits einen ihrer Vertreter kennengelernt: die *Geschwindigkeit*. Es braucht nicht unbedingt die Windgeschwindigkeit zu sein. Auch die Fortbewegung eines Autos, eines Zuges, eines Flugzeuges oder eines Fußgängers könnte uns als Beispiel dienen. Wir wollen annehmen, daß eine kleine Privatmaschine mit einer Geschwindigkeit von 80 Knoten geradeaus nach Osten strebt (Abb. 4). Ein starker Nordwind von 60 Knoten läßt die Maschine jedoch vom Kurs abkommen. Anstatt nach 1 Std Flugzeit über dem Punkt D anzukommen, befindet sich der Pilot über dem Punkt O. Was war die wirkliche Geschwindigkeit des Flugzeuges? Wenn wir die Distanz zwischen Startpunkt S und dem Punkt O abmessen, so finden wir, daß sie nicht gleich $80+60$ Seemeilen ist, sondern (dem pythagoreischen Lehrsatz zufolge) $\sqrt{80^2+60^2}=100$ Seemeilen. Da das Flugzeug genau 1 Std brauchte, um diese Distanz zu durchfliegen, war seine Reisegeschwindigkeit 100 Knoten, und die gerade Linie von *S* nach *O* stellt den tatsächlichen Flugweg dar.

In mathematischer Ausdrucksweise *addierten* wir den Geschwindigkeitsvektor des Flugzeuges (*S* bis *D*) zum Windvektor

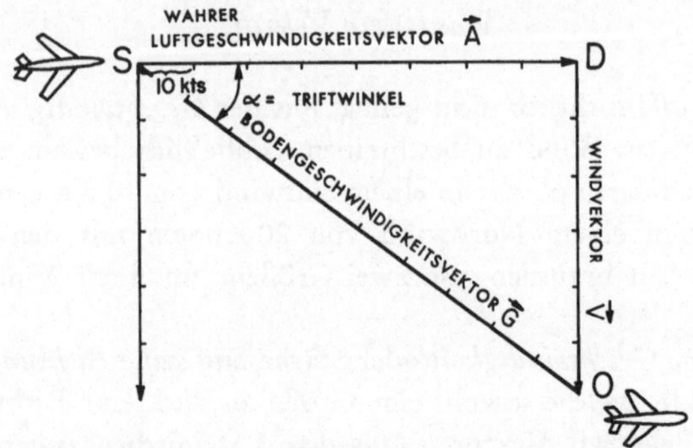

Abb. 4. Tatsächlicher Flugweg von *S* nach *O*, den ein Flugzeug mit der Luftgeschwindigkeit $\vec{A}$ zurücklegt, wenn es nach *D* fliegen will, jedoch von einem Seitenwind $\vec{V}$ abgelenkt wird. In der Vektordarstellung dieses Diagrammes entsprechen die Seitenlängen des Dreieckes *SDO* den angegebenen Geschwindigkeiten

(*D* bis *O*), und erhielten mit dieser Addition den tatsächlichen Flugstreckenvektor (*S* bis *O*). Zur Errechnung des Letzteren führten wir also eine *Vektoraddition* durch, und nicht eine *arithmetische* Addition, wie wir sie auf Skalare anzuwenden gewohnt sind.

Grundbegriffe der Navigation

Da wir schon einmal ein Flugzeug als Beispiel für die Vektorrechnung verwendeten, können wir uns gerade so gut auch einige Fachausdrücke der Äronautik aneignen.

Die Geschwindigkeit des Flugzeuges (in unserem Beispiel 80 Knoten) nennen wir die *wahre Luftgeschwindigkeit* (true air speed). Da das Flugzeug gewissermaßen in der Luft „schwimmt", zeigt sein Geschwindigkeitsmesser nur die Bewegung des Flugzeuges relativ zu den umgebenden Luftmassen an. Das Anzeigeinstrument besteht aus einem sog. Pitot- oder Stau-Rohr — ein Rohr, dessen Öffnung in die anströmende Luft weist. Je schneller der Flug durch die Luft wird, desto mehr Staudruck übt die Luft auf die Öffnung des Rohres aus. Dieser Druck wird mit einem Manometer gemessen, von dem die sog. *angezeigte Luftgeschwindigkeit* (indicated air speed) abgelesen werden kann. Da die Atmosphäre jedoch mit zunehmender Höhe immer dünner wird, nimmt auch der Staudruck ab, der auf die Öffnung des Pitot-Rohres wirkt, selbst wenn das Flugzeug beim Aufstieg seine Geschwindigkeit beibehält. Man muß daher die angezeigte Luftgeschwindigkeit auf die entsprechende Flughöhe korrigieren, um die wahre Luftgeschwindigkeit zu erhalten. Letztere benötigen wir als Ausgangsgröße für unser Navigationsproblem.

Der Vektor der wahren Luftgeschwindigkeit setzt sich aus der Größe (in unserem Beispiel 80 Knoten) und aus der Richtung zusammen, in welche der Bug des Flugzeuges während des Fluges weist. Diese Richtung nennen wir die *wahre Kompaßrichtung* (true heading). Sie wird in Kompaßgraden angegeben: Norden = 0°, Osten = 90°, Süden = 180° und Westen = 270°. Ist das Gerät an Bord des Flugzeuges ein magnetischer Kompaß, so zeigt er die *magnetische Kompaßrichtung* (magnetic heading) an. Da die magnetischen Pole nicht mit dem Nord- und Südpol der Erde übereinstimmen, muß eine Korrektur an die magnetische Flugrichtung angebracht werden, um die *wahre Kompaßrichtung* zu erhalten, die uns allein in unserer Navigationsaufgabe interessiert. Die entsprechenden Korrekturen sind aus Navigationskarten ersichtlich.

In unserem Beispiel wurde eine Windgeschwindigkeit von 60 Knoten und eine Windrichtung aus Norden angenommen. Die Windrichtung wird immer als der Winkel angegeben *aus* dem der Wind bläst. Ein Nordwind hat daher die Richtung 0°, ein Ostwind zeigt 90°, etc.

Geschwindigkeit und Richtung zusammen machen den *Windvektor* aus (D bis O). Der Einfluß des Windes läßt das Flugzeug aus seiner ursprünglichen Richtung abdriften. Die Größe dieser Drift ist durch den Winkel α angezeigt, den wir *Driftwinkel* (drift angle) nennen.

Auf Grund dieser Drift wird das Flugzeug nicht seiner ursprünglichen Route von S nach D folgen, sondern dem *wahren*

Kurs (true course) von *S* nach *O*. Die tatsächliche Geschwindigkeit, mit der das Flugzeug diesem Kurs folgt, haben wir bereits abgeschätzt: sie betrug 100 Knoten. Wir nennen sie die *Bodengeschwindigkeit* (ground speed), da sie den Fortschritt des Flugzeuges über dem Boden angibt. Der *Bodengeschwindigkeitsvektor* setzt sich zusammen aus der Größe der *Bodengeschwindigkeit* und aus der durch den *wahren Kurs* angegebenen Richtung. Die letztere wiederum ist die Summe aus der wahren Flugrichtung (in unserem Falle 90°, gleichbedeutend mit Osten) und aus dem Driftwinkel α.

Wir können nunmehr die Feststellung, die wir am Ende des vorangegangenen Abschnittes getroffen haben, neuerdings formulieren: Wahrer Luftgeschwindigkeitsvektor + Windvektor = Bodengeschwindigkeitsvektor oder

$$\vec{A} + \vec{V} = \vec{G}. \tag{3}$$

Um anzudeuten, daß wir es mit Vektoren zu tun haben, die in spezieller Weise addiert werden müssen, schreiben wir kleine Richtungspfeile über die entsprechenden Größen.

Die Wirtschaftlichkeit des Jet-Stream

Mit dem Wortschatz eines Navigators können wir nunmehr die Entdeckung des Jet-Stream von der prosaischen wissenschaftlichen Seite her betrachten. Nehmen wir an, daß eine B 29 mit einer wahren Luftgeschwindigkeit von 250 Knoten und einer wahren Kompaßrichtung von 225° (gegen Südwest) fliegt. Das Flugzeug kämpft mit einem Gegenwind von 190 Knoten aus 225°. Der Driftwinkel beträgt in diesem Falle 0°. Die Bodengeschwindigkeit ist jedoch auf nur 60 Knoten reduziert. Kein Wunder, daß die nichtsahnenden Navigatoren überrascht waren, als ein derart schnelles Flugzeug („schnell" zumindest für die Verhältnisse des zweiten Weltkrieges) in der Luft fast still stand.

Eine andere B 29, die im selben Strahlstrom mit einer Kompaßrichtung von 45° fliegt, erfährt die unterstützende Kraft des Rückenwindes in voller Stärke. Der Driftwinkel beträgt wiederum 0°. Die Bodengeschwindigkeit ist jedoch nunmehr auf 440 Knoten angewachsen. Dieses Beispiel zeigt, wie Strahlströme für rekordbrechende Langstreckenflüge ausgenützt werden können. Da die Strahlströme im Höhenbereich der heutzutage verkehrenden Flugzeuge vorwiegend aus westlicher Richtung wehen, kann man sich auf die Hilfe von Rückenwinden im Durchschnitt nur bei Ostflügen verlassen. Die Piloten der Westwärtsflüge werden oft zu Umwegen gezwungen, um dem Gegenwind des Jet-Stream auszuweichen.

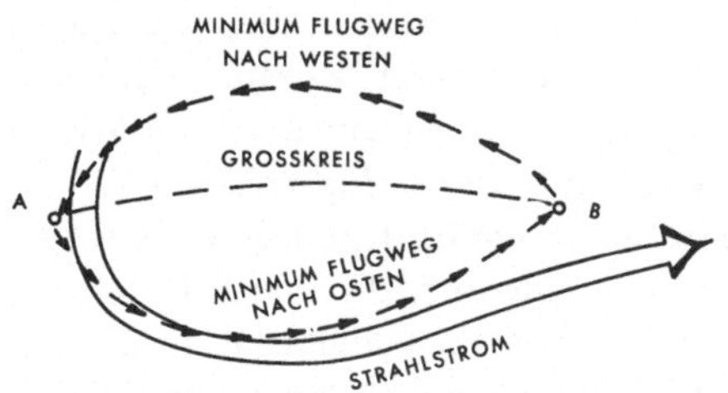

Abb. 5. Ein Umweg kann u. U. kürzer sein, wenn ein Flugzeug auf den Strahlstrom stößt. Zwar stellt der Großkreis die kürzeste geometrische Distanz zwischen den beiden Punkten *A* und *B* dar, doch kann der Pilot die Flugzeit verkürzen, wenn er beim Ostflug dem Strahlstrom folgt, beim Westflug jedoch die starken Gegenwinde meidet

Flugrouten, die von der kürzesten Distanz zwischen Startpunkt und Landepunkt (der sog. *Großkreisroute*[1]) abweichen, machen sich die tägliche Position des Jet-Stream zunutze. Obwohl dabei ein Umweg gemacht wird, setzt die Unterstützung eines Rückenwind-Strahlstromes, oder die Vermeidung starker Gegenwinde die Flugzeit gegenüber den Verhältnissen entlang des Großkreises herab. Das Verfahren der sog. *Minimum-Flugroute* (minimum flight path) macht diejenige Flugstrecke ausfindig, welche die geringste Flugzeit zwischen zwei gegebenen Punkten beansprucht, ungeachtet der Anzahl der zusätzlichen Kilometer, die der Umweg erfordert.

So wird z. B. der in Abb. 5 gezeigte Ostwärtsflug dadurch Zeit gewinnen, daß er dem Strahlstrom folgt, anstatt der Groß-

---

1 Dies bedeutet, daß der größtmöglichste Kreis, den man auf einem Globus zwischen zwei Punkten ziehen kann, die kürzeste Verbindungsstrecke zwischen den beiden Punkten darstellt. Der Radius dieses Kreises ist gleich dem Erdradius. Für gewöhnlich entspricht er *nicht* einer geraden Linie zwischen den zwei Punkten auf einer Landkarte.

kreisroute. Der Westwärtsflug nützt den Vorteil einer kurzen Strecke von Rückenwinden aus, falls der Pilot in der angedeuteten Weise nach Norden ausweicht.

Je langsamer das Flugzeug und je länger die Nonstop-Flugstrecke, desto eher lohnt es sich den Flugplan dem Jet-Stream anzupassen. Leider hat die zunehmende Verkehrsdichte der „romantischen" Nachkriegsära ein Ende gesetzt, in der die unternehmungslustigen Piloten der Luftverkehrsgesellschaften auf den Jet-Stream Jagd machten. Heutzutage achten die verschiedenen Luftraumbehörden, wie z. B. die Federal Aviation Agency (FAA) darauf, daß jedes Flugzeug — Jet-Stream hin oder her — wohlerzogen den ihm zugewiesenen Luftkorridor einhält.

Der Jet-Stream ist natürlich immer noch zugegen, doch statt ihn durch eine Kursänderung, die ihm folgt oder ihn vermeidet, zu überlisten, müssen wir ihn nunmehr durch größere Ausdauer überwinden: Die Flugzeuge müssen zusätzlich Reservetreibstoff laden, um gegen allfällige Gegenwindbedingungen gerüstet zu sein. Treibstoff ist glücklicherweise nicht sehr teuer. Für etwa 15 Pf das Liter kann sich eine Flugverkehrsgesellschaft schon leisten, etliche Fässer voll außertourlich zu verheizen, selbst angesichts der großen Trinkfreudigkeit moderner Düsenmaschinen. Die Rechnung fängt an kritischer zu werden, wenn wir berücksichtigen, daß statt des zusätzlichen Treibstoffes eine Luftpostladung geführt werden könnte — womöglich zum Preis von 50 Pf für je 20 g.

Versetzen wir uns für einen Augenblick in die Lage des Präsidenten einer Luftfahrtgesellschaft. Wir können leicht errechnen, wie ihn der Jet-Stream zur Blutdruckerhöhung und zum Haarausfall bringt. Angenommen, daß eine seiner Boeing 720 mit einer wahren Luftgeschwindigkeit von 400 Knoten die Strecke Wien—Lissabon in etwa 3 Std zurücklegt — falls absolute Windstille herrschen würde. Mit einem Gegenwind von 100 Knoten entlang der ganzen Flugstrecke vermindert sich die Bodengeschwindigkeit auf 300 Knoten, während sich die Flugzeit auf 4 Std ausdehnt. Wir wollen die verärgerten Passagiere außer Betracht lassen, die ihre Anschlußflüge verpaßten und auf Kosten der Fluggesellschaft gefüttert und in Hotels untergebracht werden müssen. Bei einem Treibstoffverbrauch von etwa 48 l pro min wird das Flugzeug 2880 l mehr verbrauchen, als es bei Windstille der Fall gewesen wäre. Das spezifische Gewicht von Petroleum beträgt etwa 0,82 g pro cm³. Der zusätzliche Treibstoff wiegt also 2361,6 kg und kostet 432,— DM bei einem Preis von 15 Pf das Liter. (Der tatsächliche Preis ist unter Umständen sogar niedriger). Der Verlust an Flugpostgebühr beträgt jedoch 59 040,— DM, falls wir die hohe Briefpostgebühr von 50 Pf pro 20 g zugrundelegen. Auch wenn wir die wesentlich billigeren Luftfrachttarife einkalkulieren ist leicht einzusehen, daß die Hauptverluste in den verlorenen Gebühren liegen.

Wir könnten natürlich unseren Luftfahrtpräsidenten die Achseln zucken und ihn „mal gewinnen — mal verlieren" brummen lassen. Denn auf dem Rückflug von Lissabon nach Wien müßte dasselbe Flugzeug mit einem kräftigen Rückenwind und mit Treibstoffeinsparung einen netten Profit abwerfen. Leider ist die Sache jedoch etwas komplizierter. Wir müssen annehmen, daß im Durchschnitt genausoviel Post und Luftfracht nach Osten wie nach Westen fließt, und daß eine Luftlinie nur so viele Frachtkontakte annehmen kann, als ihre *durchschnittliche* Ladekapazität zuläßt. Daraus folgt, daß auf dem Rückflug nach Osten wahrscheinlich leerer Laderaum vorhanden ist. Dieser ist zumindest dem Gewicht des Treibstoffes äquivalent, der mitgeführt werden müßte, falls sich der Jet-Stream nicht zeitgerecht mit seinen Rückenwinden eingestellt hätte. Und diese Strahlströme sind in der Tat launenhaft: Sie machen keine zeitgerechte Laderaum-Vorbestellung, wenn sie im Sinne haben, mit ganzer Kraft gegen den Bug des Flugzeuges zu blasen, noch geben sie den reservierten Raum rechtzeitig frei, wenn sie dann letzten Endes doch nicht an Ort und Stelle in Erscheinung treten. Selbst eine zuverlässige 24stündige Windvorhersage nützt nicht viel, wenn es darum geht, große Warenlieferungen zwischen Industriegebieten im Osten und Westen auf Wochen im voraus zu planen.

Kapitel III

Das Einmaleins der Höhenwinde

Windmessung mit Theodoliten und Pilotballonen

Manche Instrumente messen nur die Windrichtung, wie etwa die *Windfahne*, andere wiederum nur die Windgeschwindigkeit, so wie das *Schalenkreuz-Anemometer* (Tafel III): Die Luftbewegung übt mehr Druck auf die offene Seite jeder Schale aus, als auf die konvexe Seite. Die Umdrehungsgeschwindigkeit kann daher direkt mit der Windgeschwindigkeit in bezug gesetzt werden. Eine Kombinationsanordnung von Windfahne und Anemometer läßt uns jederzeit den Windvektor eindeutig bestimmen.

Eine derartige Anordnung benötigt in der Regel eine fixe Aufstellung, etwa auf einem Windmast. Auf Grund dieser Tatsache bleibt ihre Verwendung auf Bodennähe beschränkt. Wie können wir jedoch Höhenwinde in großer Entfernung von der Erdoberfläche messen? Das übliche Verfahren macht von *Pilotballonen* oder *Radiosondenballonen* Gebrauch. Diese Ballone sind mit Helium gefüllt, ein Gas, das leichter als Luft ist. Die Ballone werden so dimensioniert, daß sie etwa 1000 Fuß pro Minute (etwa 300 m/min) an Höhe durchmessen. Weht ein Wind, so steigt der Ballon nicht vertikal auf, sondern driftet mit dem Winde ab. Stellen wir im Abstand von je 1 min die genaue Ballonposition fest, so sind wir in der Lage, den mittleren Wind in einer Schicht von 1000 Fuß Dicke zu berechnen (Abb. 6).

Angenommen, zu einem gegebenen Zeitpunkt sei der Ballon im Punkt *A* irgendwo im Luftraum. Wäre kein Wind vorhanden, so würde der Ballon um 1000 Fuß von Punkt *A* zum Punkt *B* ansteigen. Dies ist der Vektor des Ballonauftriebes oder der *Steiggeschwindigkeit*. Infolge des *Windvektors* befindet sich jedoch der

Ballon nach 1 min im Punkt *C*. Wir müssen also eine Möglichkeit finden, den Abstand zwischen *B* und *C* zu messen. Dieser Abstand würde uns unmittelbar die mittlere Windgeschwindigkeit in der 1000 Fuß dicken Höhenschicht zwischen *A* und *B* oder *C* in Einheiten Fuß pro Minute (oder m/min) angeben. Division durch 60 würde somit die Windgeschwindigkeit in m/sec ergeben.

Wie können wir diese Distanz bestimmen? Wir benützen dazu ein Fernrohr, das eine genaue Winkelablesung zuläßt, nämlich

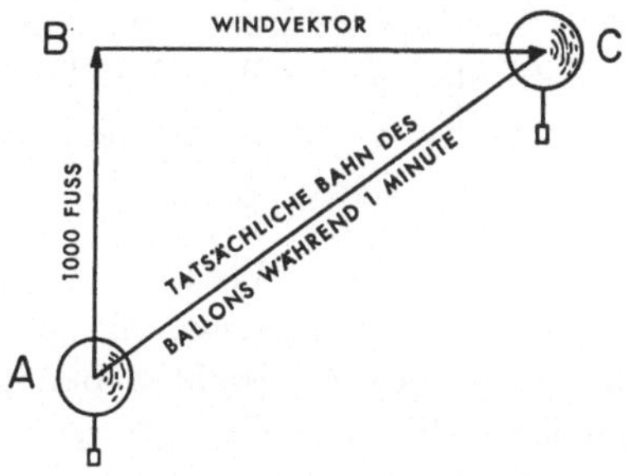

Abb. 6. Die Windgeschwindigkeit kann direkt aus dem Vektordiagramm abgelesen werden, in dem die Hypotenuse des Dreieckes die Aufstiegsbahn des Ballons darstellt

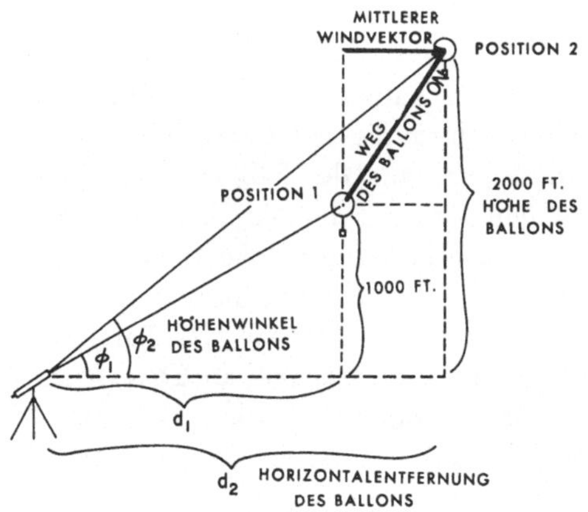

Abb. 7. Die Visierung eines Sondenballons mittels eines Theodoliten vermittelt uns Werte des Höhenwinkels des Ballons in den Positionen 1 und 2. Berechnungen mit den trigonometrischen Funktionen der Winkel Φ_1 und Φ_2 ergeben den Ballonweg und den mittleren Windvektor

einen *Theodoliten*. Wir lesen den *Höhenwinkel* Φ genau zu jeder ganzen Zeitminute ab (Abb. 7). 1 min nach Abflug schwebt der Ballon 1000 Fuß (300 m) über dem Boden (Position 1). Der Abstand d_1, um den der Ballon während dieser Minute in horizontaler Richtung abgedriftet ist, kann nach trigonometrischen Regeln berechnet werden [1]. Er beträgt

$$d_1 = 300 \text{ m} \cdot \cot \Phi_1 . \tag{4}$$

d_1 wird in diesem Fall in Metern angegeben.

2 min nach dem Start des Ballons befindet sich dieser in Position 2, also 2000 Fuß oder 600 m über dem Boden. Die gesamte horizontale Distanz, welche er durchmessen hat, beträgt

$$d_2 = 600 \text{ m} \cdot \cot \Phi_2 . \tag{5}$$

Während der 1. min trieb der Wind den Ballon um die horizontale Distanz d_1 ab. Die Windgeschwindigkeit in der untersten, 1000 Fuß dicken Schicht der Atmosphäre beträgt daher $d_1/60$, in Fuß pro Sekunden, falls d_1 in Fuß gemessen wurde, oder in m/sec, falls d_1 in m angegeben wurde.

Die Drift des Ballons während der 2. min beträgt $(d_2 - d_1)/60$. In der Schicht zwischen 2000 und 3000 Fuß ist die Windgeschwindigkeit $(d_3 - d_2)/60$, usw., bis wir den Ballon aus dem Blick verlieren.

Wir haben noch ein weiteres Problem zu lösen. Bis jetzt nahmen wir an, daß der Ballon stets in derselben Richtung weiterdriftet, während er durch die verschiedenen Luftschichten aufsteigt. Dies wird jedoch nur dann der Fall sein, wenn der Windvektor in allen 1000 Fuß dicken Schichten dieselbe Richtung aufweist, d. h. falls der Wind nicht mit der Höhe dreht.

Was passiert jedoch, falls eine derartige Winddrehung auftritt? Zusätzlich zum Höhenwinkel des Ballons lesen wir am Theodoliten auch den *Azimutwinkel* ab. Dies ist der Winkel zwischen einer fixen geographischen Richtung, z. B. der Nordrichtung, und der Richtung des Ballons (Abb. 8). Die Projektion der

---

1 Lesern, denen der Gebrauch trigonometrischer Funktionen und Rechentabellen ungewohnt ist wird empfohlen, die gegebenen Beispiele auf Millimeterpapier durchzuarbeiten. Sollten Ihre trigonometrischen Kenntnisse lediglich etwas eingerostet sein, so wird Ihnen der Anhang helfen, Ihr Gedächtnis aufzufrischen.

Ballonposition auf die Grundebene vermittelt uns die Abstandsvektoren $\vec{d_1}$, $\vec{d_2}$, etc. Die Vektordifferenz zwischen $(\vec{d_2} - \vec{d_1})$, dividiert durch 60, gibt uns wiederum den Windvektor in Fuß pro Sekunde oder m/sec.

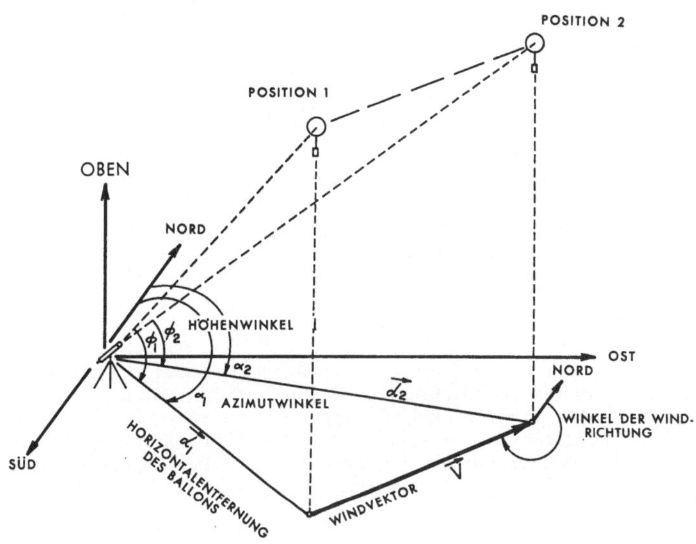

Abb. 8. Dreht sich der Wind mit der Höhe, so sind zusätzlich zum Höhenwinkel Messungen der Azimutwinkel α_1 und α_2 erforderlich, um den Windvektor berechnen zu können

Wollen wir dieses Problem in trigonometrischen Ansätzen lösen, so wird die Sache etwas komplizierter. Die Änderung des Azimutwinkels zwischen zwei aufeinanderfolgenden Ballonpositionen ist $(\alpha_1 - \alpha_2)$. Die Subtraktion ergibt ein Dreieck mit zwei Seiten, nämlich d_1 und d_2, und einen Winkel $(\alpha_1 - \alpha_2)$. Wir müssen die Richtung und die Länge des Vektors $\vec{V}$ berechnen. Um uns langwierige Berechnungen zu ersparen, können wir das Problem auch graphisch lösen. Wir berechnen die Distanzvektoren $\vec{d_1}$, $\vec{d_2}$, etc. für jede Minute des Ballonaufstieges und tragen sie entlang der entsprechenden Azimutrichtung auf ein Stück Zeichenpapier ein (Abb. 9). Wir brauchen dann nur die Endpunkte dieser Vektoren, 1, 2, 3, 4, 5, usw., miteinander zu verbinden und erhalten auf diese Weise die Windvektoren. Wir müssen nun nur mehr die Richtung jedes dieser Vektoren messen, wobei wir jeden Winkel von Norden aus zählen (Abb. 10), um so die *Windrichtung* zu erhalten. Darauf messen wir die Länge jedes dieser Windvektoren mit dem entsprechenden Maßstab unserer Zeichnung, und schon besitzen wir die Werte der Windgeschwindigkeit.

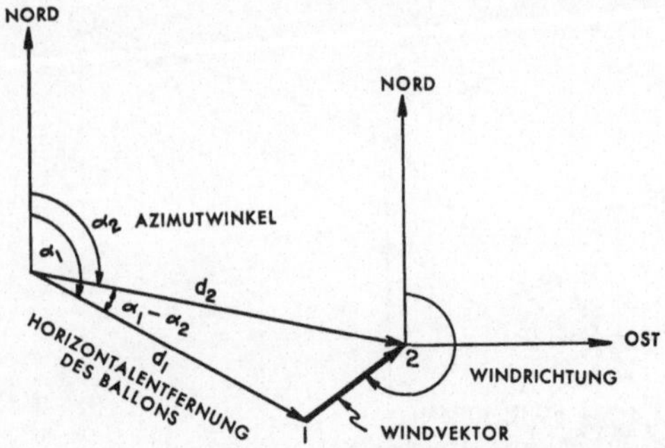

Abb. 9. Der Windvektor kann auch graphisch berechnet werden, indem wir im entsprechenden Maßstab die Ballondistanzen entlang der korrespondierenden Azimutwinkel auftragen. Verbinden wir die Endpunkte der Entfernungsvektoren, so erhalten wir den Windvektor. Der Winkel, den der Windvektor mit der Nordrichtung einschließt, gibt die Windrichtung an

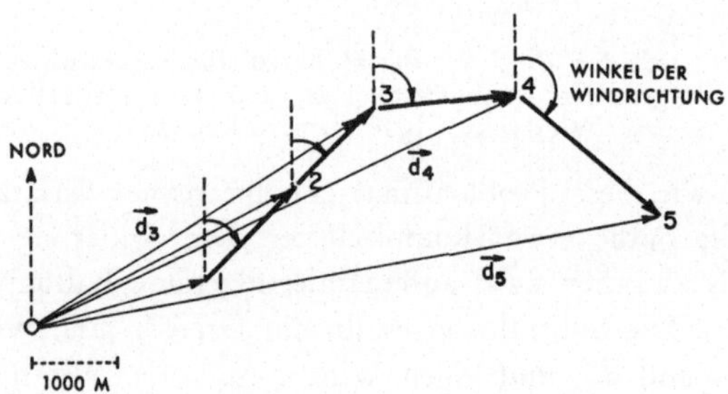

Abb. 10. Die Horizontale Projektion des Ballonweges (mittels der in Abb. 9 angedeuteten Methode erhalten) ergibt eine Folge von Windvektoren, die den Wind in 1000 Fuß dicken Schichten angeben

Radiotheodoliten

In den Vorkriegsjahren wurden Höhenwindmessungen vom Boden aus ausschließlich mit Theodoliten gemacht; Pilotballone mit einer bekannten Aufstiegsgeschwindigkeit (z. B. 300 m/sec) wurden mit Teleskopen anvisiert. Selbst heutzutage ist diese

Methode noch weit verbreitet, denn sie ist einfach und billig. Sie besitzt allerdings zwei schwerwiegende Nachteile:

1. Falls die Winde stark sind, so wie dies im Strahlstrom der Fall ist, wird der Ballon binnen kurzer Zeit über große horizontale Entfernungen getragen und wird daher selbst in einem stark vergrößernden Theodoliten zu einem kleinen Pünktchen. Sobald der Beobachter den Ballon aus dem Gesichtskreis verloren hat, können keine Windwerte mehr bestimmt werden. Dies ist der Grund dafür, warum die Strahlströme erst so spät entdeckt wurden, obwohl Pilotballone schon seit Jahren im täglichen Gebrauch standen.

2. Sind Wolken am Himmel, so besteht eine gute Chance, daß sich der Ballon hinter einer solchen versteckt und dadurch ebenfalls den Messungen ein Ende setzt. Wie wir später noch sehen werden, ist Schlechtwetter häufig mit Strahlströmen assoziiert. Wenn wir also Winde nur bei Schönwetter und nicht bei Schlechtwetter messen können, unterliegen unsere Höhenwinddaten einer starken einseitigen *Auswahl*. Mittels Pilotballonen können wir Winde über dem durchschnittlichen Wolkenniveau nur während Schönwettertagen bestimmen. Falls wir annehmen, daß dieselben Winde in diesen Niveaus auch während der bewölkten Tage vorherrschen, können wir unter Umständen weit irre gehen. Die Meteorologen nennen dies die „Schönwetterauswahl" der Windmessungen mittels Pilotballonen.

Diese Schwierigkeit wurde zu Ende des zweiten Weltkrieges und in den Nachkriegsjahren mit der Entwicklung und Installierung von Radioortungsgeräten, den sog. Radiotheodoliten, überwunden. Diese Instrumente basieren auf verschiedenen Arbeitsprinzipien, etliche davon sind äußerst einfach. Der finnische Radiotheodolit z. B. verwendet das Radiosignal, das von einem Sender ausgestrahlt wird, welcher mit dem Ballon in die Höhe getragen wird. Dasselbe Radiosignal übermittelt auch Informationen über Luftdruck, Temperatur und Feuchtigkeit (Tafel IV) an die Empfangsstation am Boden und dient somit zwei Zwecken. Eine derartige Vorrichtung nennt man eine *Radiosonde*, oder, da sie zur selben Zeit auch den Wind vermißt, eine *Rawinsonde*.

Am Erdboden ist ein System von zwei Antennen ausgelegt, eines zeigt in Nordsüdrichtung (*A* bis *B*), das andere in Ostwest-

Tafel IV. Der Mann zur Rechten hält eine zum Aufstieg bereite Radiosonde. Das auf einem Stativ montierte konkave Gebilde ist die Antenne des Radiosondenempfängers. Der Mann zur Linken hält eine Heliumflasche, an deren Ventil er eine Ballonhaut fertig zum Aufblasen hält. Photo: Duayne Barnhart, Colorado State University

richtung (*C* bis *D*) (Abb. 11), beide Systeme empfangen dasselbe Radiosondensignal. Die elektromagnetischen Wellen dieses Signals erreichen die Antennenanlage in der Form von ebenen Wellenfronten 1, 2, 3, 4, etc., die voneinander im Abstand der Wellenlänge *L* des Radiosignals fortschreiten. Da Radiowellen äußerst

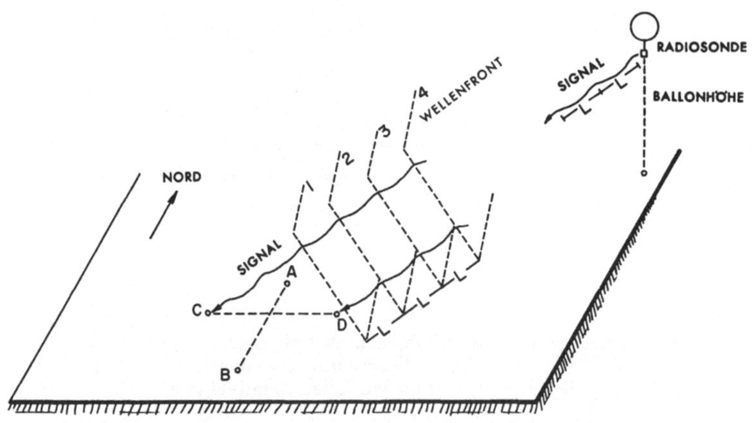

Abb. 11. Radiowellen, die von einer mittels Ballon hochgetragenen Radiosonde gesendet werden, werden von zwei senkrecht aufeinanderstehenden Antennen empfangen. Die Differenz in der Ankunftszeit der Wellenfronten an den Endpunkten der Antennen lassen uns die Position des Ballons berechnen

schnell dahineilen (299 790 km/sec), gibt die Richtung, aus welcher diese ebenen Wellenfronten an der Antennenanlage ankommen, die unmittelbare und genaue Richtung an, in der sich der Ballon im Luftraum befindet. Aus dem in Abb. 11 angegebenen Beispiel ersehen wir, daß die Wellen zuerst den Punkt *D* erreichen, bevor sie über den Punkt *C* dahinwandern. Ebenso werden sie zunächst den Punkt *A* treffen, bevor sie über den Punkt *B* eilen. Aus diesen „mikroskopischen" Unterschieden in der Ankunftszeit, die man in Mikrosekunden $\left(1 \text{ µsec ist gleich } \dfrac{1}{1\,000\,000} \text{ sec}\right)$ mißt, sind wir in der Lage, den Azimutwinkel und den Höhenwinkel der Ballone gleichzeitig zu bestimmen. Falls wir die Ballonhöhe kennen — z. B. aus der Aufstiegsgeschwindigkeit (300 m/sec), multipliziert mit der Zeit, die seit Start des Ballons verstrichen ist —, können wir die genaue Position des Ballons im Luftraum berechnen. Verfolgen wir diese Position von Minute zu Minute, so haben wir dadurch eine Möglichkeit gewonnen, die Höhenwinde genau zu vermessen, selbst wenn wir den Ballon wegen Bewölkung oder wegen zu großer Entfernung nicht sehen.

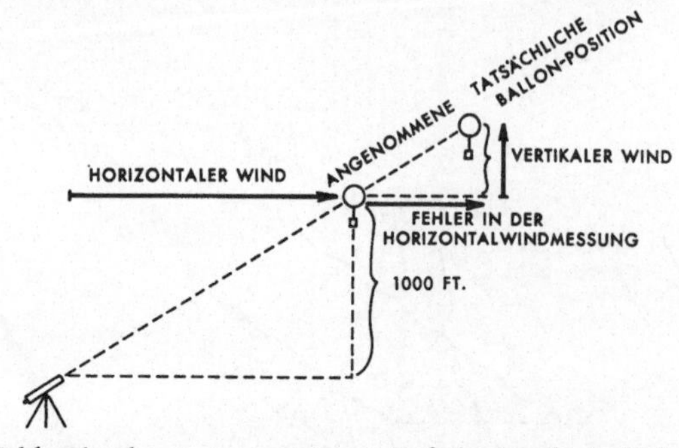

Abb. 12. Fehler in der angenommenen Aufstiegsgeschwindigkeit des Ballons führen zu den durch eine dicke Linie angedeuteten Fehlern in der Berechnung des horizontalen Windvektors

Diese Meßmethode besitzt noch einen weiteren Vorteil. Für Pilotballonmessungen waren wir gezwungen eine konstante Aufstiegsgeschwindigkeit des Ballons anzunehmen. Was passiert jedoch, falls sich diese Aufstiegsgeschwindigkeit von Minute zu Minute ändert, etwa durch den Einfluß vertikaler Auf- oder Abwinde? Die Antwort ist sehr einfach. Wir berechnen falsche Windgeschwindigkeiten, da wir den Ballon in einer falschen Position vermuten. Die fälschlich angenommene Ballonposition ist dort, wo sich der Ballon unter demselben Höhenwinkel, jedoch unter der „normalen" Aufstiegsgeschwindigkeit, befinden würde. Ein Beispiel ist in Abb. 12 erläutert, welches zeigt, wie Windgeschwindigkeiten bei übernormalen Aufstiegsgeschwindigkeiten unterschätzt werden.

Gibt uns jedoch ein Radiosondenaufstieg Information über Luftdruck und Temperatur, so vermögen wir die *Höhe* des Ballons zu jedem gegebenen Zeitpunkt zu berechnen, ohne auf eine *angenommene* Aufstiegsgeschwindigkeit zurückgreifen zu müssen. Unsere Berechnungen werden dadurch wesentlich genauer und verläßlicher. Aus abnormalen Änderungen in der Aufstiegsgeschwindigkeit während eines Radiosondenfluges können wir sogar eine Abschätzung der vertikalen Windgeschwindigkeiten in der Atmosphäre erlangen, besonders dann, wenn diese Geschwindigkeiten verhältnismäßig groß sind, so wie sie etwa in Kumuluswolken oder in Wellenbewegungen über Gebirgsketten auftreten. Oft finden

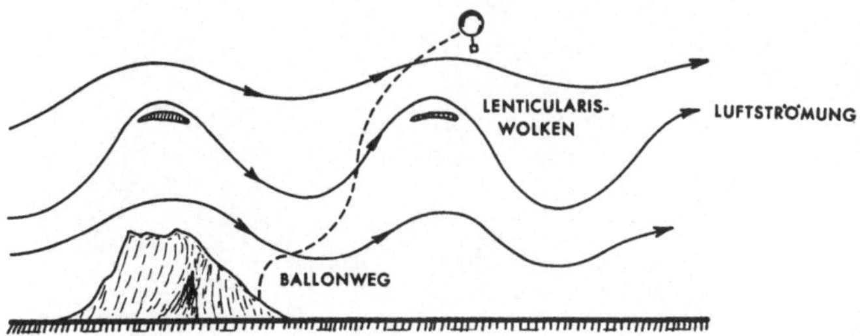

Abb. 13. Wellenbewegungen in der Atmosphäre, die durch Überströmen einer Gebirgsbarriere hervorgerufen werden, können zu starken Schwankungen in der Aufstiegsgeschwindigkeit eines Ballons führen

wir, daß die Luftbewegungen eine Reihe von „Wellen" bilden, die sich im Lee eines Gebirgszuges aneinanderreihen. Der Ballon wird entsprechend schneller oder langsamer aufsteigen, wenn er sich im aufwärts- oder abwärtsgerichteten Teil der Wellenbewegung befindet (Abb. 13). Manchmal sind diese Wellenbewegungen sogar mit freiem Auge sichtbar, wenn in ihnen „linsenförmige" Wolken (die sog. „Lentikulariswolken") auftreten. Diese Wolken bilden sich in den Wellenbergen (Tafel V).

Radar

Einen weiteren Fortschritt gegenüber den Radiotheodoliten stellt das Radar dar. Dieses Wort ist ein Akronym für „radio directioning and ranging" (Radiorichtungs- und Entfernungsmessung). Der Name deutet an, daß dieses Gerät auch die *Distanz* zwischen Antenne und Ziel, in unserem Falle dem Ballon, mißt. Eine Reihe von kurzen Radioimpulsen wird von der Antenne ausgesandt. Diese Impulse werden vom Ballon reflektiert und vom Empfänger aufgenommen. Da die Geschwindigkeit der elektro-

Tafel V. Lentikularwolken in der Nähe von Boulder (Colorado) werden durch Überströmen der kontinentalen Wasserscheide bewirkt. Photo: National Center for Atmospheric Research, Boulder (Colorado)

magnetischen Wellen wohl bekannt ist (299 790 km/sec), ist die *Verzögerungszeit* zwischen dem ausgesandten und empfangenem Radiosignal gegeben durch die Gleichung

$$\text{Vergrößerungszeit } (T) = \frac{2 \times \text{Ballonabstand}}{\text{Wellengeschwindigkeit}}. \tag{6}$$

Tafel VI. Dieser Tetrahedronreflektor aus Aluminiumfolie wird an einen Radiosondenballon gehängt und von diesem in die Höhe getragen. Photo: Duayne Barnhart, Colorado State University

Aus dieser Beziehung können wir leicht den Abstand des Ballons von der Antenne berechnen.

Angenommen ein Ballon ist 30 km entfernt. Die Verzögerungszeit beträgt daher $\frac{2\times30}{299\,790}$ sec, oder ca. 200 μsec, gerechnet von dem Zeitpunkt an, da das Signal vom Radargerät ausgeht, bis zum Augenblick, da das reflektierte Signal wiederum empfangen wurde [2]. Um das ausgehende Signal in hinreichender Stärke reflektieren zu können, trägt der Ballon einen *Reflektor*. Dieser kann z. B. aus einem Tetrahedron aus Aluminiumfolie bestehen (Tafel VI). Der Ballon selbst kann ebenfalls als Reflektor benützt werden, falls seine Oberseite mit einer dünnen Metallfolie verkleidet ist. Die konkave Gestalt dieser Metallhalbkugel, von unten gesehen, erlaubt eine gute Reflexion des Radarsignals.

Die Radarpeilung unterscheidet sich in der angewandten Geometrie etwas von der Theodolitenpeilung. Letztere berechnet die Änderung der horizontalen Ballondistanz aus den Änderungen der Höhe, des Höhenwinkels und des Azimutwinkels des Ballons. *Radar* hingegen vermißt die Änderungen in der geradlinigen Distanz zwischen Antenne und Ballon, der sog. *Schrägdistanz*, und des Azimutwinkels (Abb. 14). Kennen wir die Höhe des Ballons, so können wir die Änderung in der horizontalen Distanz (*d*) berechnen und daraus wiederum den Windvektor bestimmen.

Wir können den Pythagoreischen Lehrsatz auf folgendes Problem anwenden:

$$\text{Abstand} = \sqrt{(\text{Schrägentfernung})^2 - \text{Höhe}^2}\,, \qquad (7)$$

$$d_1 = \sqrt{S_1^2 - 1000^2}\,, \qquad (8)$$

$$d_2 = \sqrt{S_2^2 - 2000^2}\,. \qquad (9)$$

$\vec{d_1}$ *und* $\vec{d_2}$ können entlang des entsprechenden Azimutwinkels auf Millimeterpapier, ähnlich wie in Abb. 9 und 10, aufgetragen werden. Die Verbindungsvektoren zwischen den Endpunkten der Vektorlinien $\vec{d_1}$ und $\vec{d_2}$ geben den Windvektor (in Fuß oder m/min)

---

2 Wollen Sie selbst ein interessantes Problem lösen? Falls ein Radarsignal vom Mond reflektiert würde (Distanz von der Erde ca. 380 000 km), wie groß wäre die Verzögerungszeit zwischen dem ausgesandten und dem reflektierten Signal?

an, der in der Schicht vorherrscht, welche der Ballon während der 2. min seines Aufstieges durchsteigt.

Sind wir mit unserem Radargerät in der Lage, nicht nur den Azimut- sondern auch den Höhenwinkel abzulesen, so sind wir

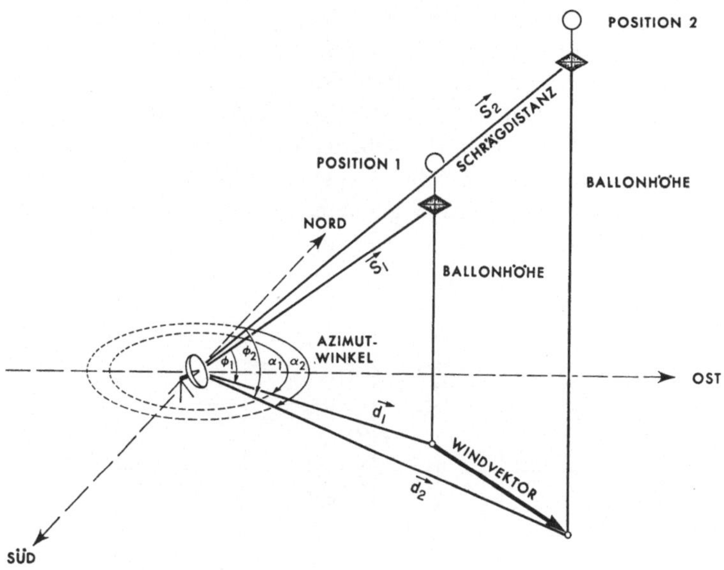

Abb. 14. Windmessungen durch Radarortung eines Ballons bestimmt durch Anwendung des pythagoreischen Lehrsatzes die horizontalen Ballonentfernungen d_1 und d_2 aus den gemessenen Schrägentfernungen s_1 und s_2

weder von einer angenommenen Aufstiegsgeschwindigkeit des Ballons abhängig, noch von einer Höhenberechnung aus Druck und Temperatur. Aus den Rechenregeln der Trigonometrie (siehe Anhang) wissen wir, daß

$$d_1 = s_1 \cdot \cos \Phi_1 \tag{10}$$

und
$$d_2 = s_2 \cdot \cos \Phi_2 . \tag{11}$$

Wiederum können wir den Windvektor (bzw. Windgeschwindigkeit und Windrichtung) berechnen, indem wir $\vec{d_1}$ und $\vec{d_2}$ etc. entlang der entsprechenden Azimutwinkel auftragen, so wie dies in Abb. 8, 9, 10 und 14 angedeutet ist. ·

Die mittels Rawinsondenballonen gemessene Windgeschwindigkeit können wir in ein Diagramm eintragen, das Geschwindigkeit und Höhe als Koordinaten enthält. Häufig finden wir, daß der Wind bis zu einem gewissen Niveau stark mit der Höhe zunimmt. Dies ist das sog. *Niveau des maximalen Windes*. In dem Beispiel der Windmessung über Green Bay (Wisconsin) vom 19. April 1963, 0 Uhr Greenwicher Zeit (GMT), finden wir dieses Niveau bei 10 km (Abb. 15). Oberhalb dieser Schicht nimmt der Wind wiederum ab, zunächst langsam, dann schnell. Ein Diagramm, wie das in Abb. 15 gezeigte, nennen wir ein vertikales

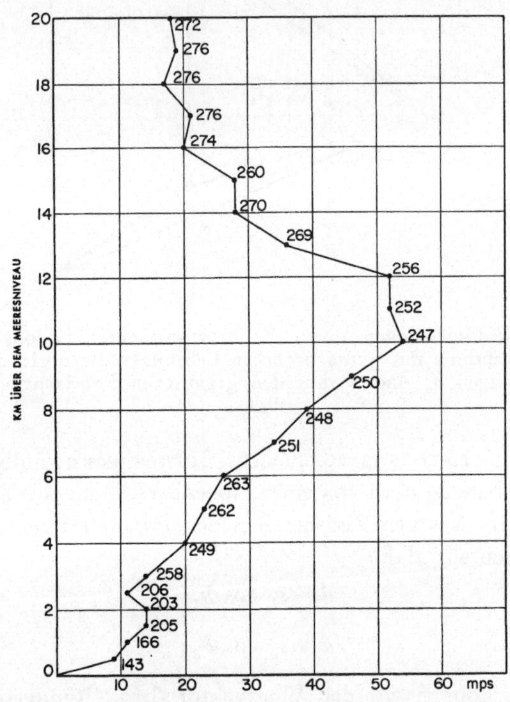

Abb. 15. Vertikales Windprofil über Green Bay (Wisconsin) am 19. April 1963 um 0 Uhr Greenwicher Zeit (oder am 18. April um 18 Uhr Lokalzeit) gemessen. Die Zahlen entlang des Windprofiles geben die Windrichtung in Graden an

Abb. 16. Radiosonden-
stationen der Vereinigten
Staaten und Südkanadas

Windprofil, denn es zeigt die atmosphärischen Strömungsvorgänge in einer Profilebene.

Derartige Messungen werden zweimal täglich über einer großen Anzahl von Stationen in beiden Hemisphären gemacht. Auf dem nordamerikanischen Kontinent sind etwa 100 derartige Stationen verteilt (Abb. 16). Alle Messungen werden zur selben Zeit, nämlich um 0 Uhr und 12 Uhr Greenwicher Zeit gemacht. (Das ist um Mitternacht und Mittag im Meridian der durch die Sternwarte von Greenwich, 0° geographischer Länge, verläuft.) Mitteleuropäische Zeit läuft z. B. um eine Stunde vor der Greenwicher Zeit. Ostamerikanische Standardzeit hingegen läuft um 5 Std nach Greenwicher Zeit. Daher werden die Beobachtungen in dieser

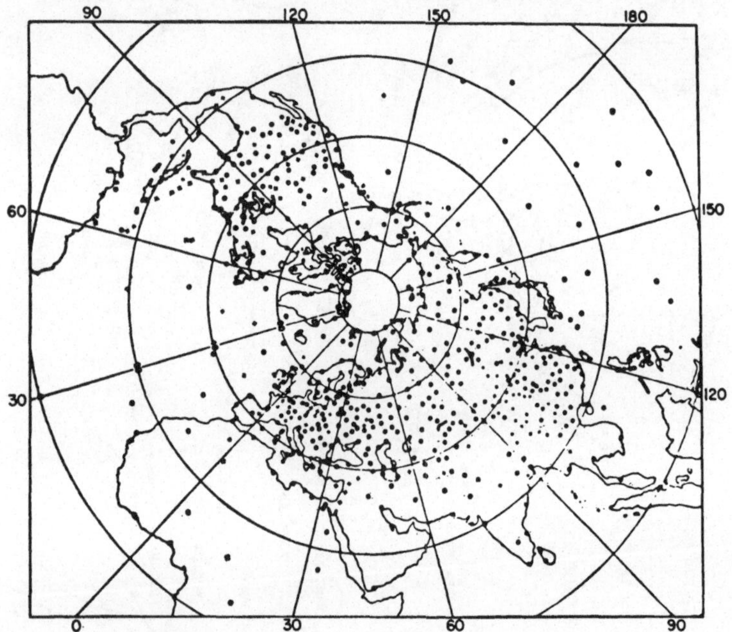

Abb. 17. Beobachtungsstationen [1], die regelmäßig Höhenwettermeldungen abgeben

---

[1] Aus: The Feasibility of a Global Observation and Analysis Experiment, Publication 1290, National Academy of Sciences, National Research Council, Washington, D. C. (1966).

Zeitzone um 7 Uhr und um 19 Uhr Lokalzeit gemacht. Da dieselben Beobachtungen auf der ganzen Erde zur selben Zeit angestellt werden, nennen wir sie *synoptische* Beobachtungen, vom griechischen Wort *syn* (zusammen) und *opsis* (Sicht).

Die größte Stationsdichte der Höhenwindbeobachtungen ist über dem amerikanischen Kontinent und Europa verfügbar. Eine genügende Anzahl Messungen ist aus Asien und Australien erhältlich. Im Nordatlantik und Nordpazifik dagegen stehen lediglich ein paar Wetterschiffe und Inselstationen zur Verfügung, die regelmäßige Aufstiege machen (Abb. 17). Äußerst spärlich dagegen sind die Daten vom Rest unserer Erdkugel.

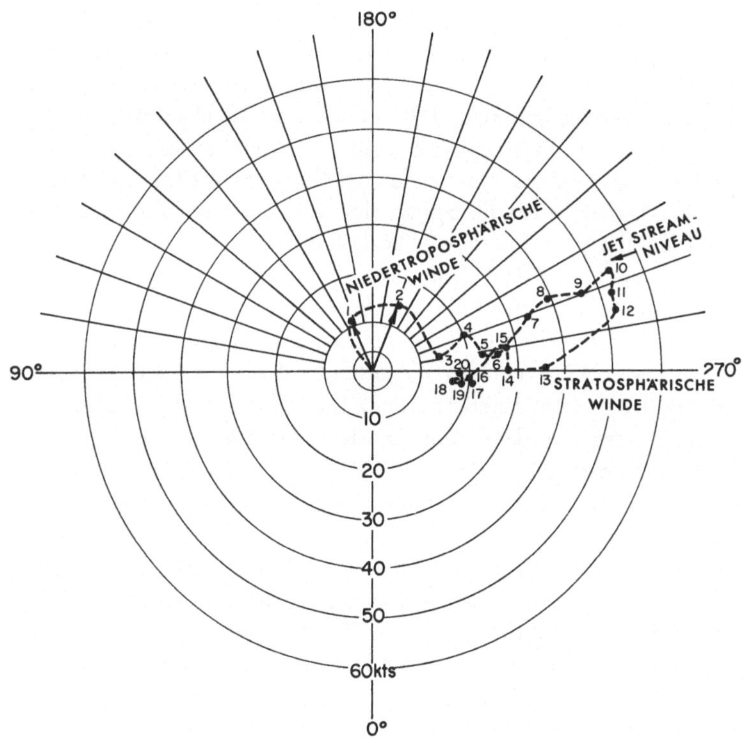

Abb. 18. Hodogramm des über Green Bay (Wisconsin) am 19. April 1963 um 0 Uhr Greenwicher Zeit gemessenen Windaufstieges

Aus einem vertikalen Windprofil allein, welches nur *Windgeschwindigkeit* als Funktion der Höhe angibt, ersehen wir nicht, wie der Wind mit der Höhe dreht und aus welcher Richtung er in jedem Niveau weht. Manchmal ist es jedoch für den Wettervorhersager von großem Interesse zu wissen, ob der Wind mit zunehmender Höhe im Uhrzeigersinn oder Gegenuhrzeigersinn dreht.

Ein derartiges Verhalten des Windes kann aus einem *Hodogramm* studiert werden (Abb. 18). Die ist ein Diagramm, welches aus konzentrischen Kreisen besteht, deren Radius proportional zur Windgeschwindigkeit ist. (So kann z. B. jeder Kreis eine Windgeschwindigkeitszunahme von 10 m/sec andeuten.) Radiuslinien sind für je 10° der Windrichtung eingetragen. Für jedes aufeinanderfolgende Meßniveau (1, 2, 3, 4 etc.) wird der Windvektor, angefangen vom Mittelpunkt der Kreise, in die entsprechende Windrichtung eingezeichnet. Es sei darauf hingewiesen, daß die Windrichtungen im Hodogramm „falsch" eingetragen sind, d. h. 0° oder Norden ist unten, 180° oder Süden ist oben aufgetragen. Wenn wir die Windvektoren vom Mittelpunkt des Kreises aus zeichnen, so wird ein Nordwind (aus 0°) von Norden nach Süden weisen. Daher wird die Spitze des „Nordwindvektors" entlang der Linie liegen, welche mit 0° bezeichnet ist.

In Abb. 18 ist der Windaufstieg von Green Bay (Wisconsin) eingezeichnet, der ebenfalls in Abb. 15 reproduziert wurde. Um die Abbildung nicht mit Linien zu überladen, wurden lediglich die ersten zwei Windvektoren eingetragen. Der Rest der Vektoren könnte leicht konstruiert werden, indem man jeden Punkt des Hodogramms mit dem Zentrum des Diagramms verbindet. Die kleinen Zahlen, die entlang der Hodogrammkurve eingezeichnet sind, geben die Höhe der Windmeldung in km an.

Wenn wir Abb. 18 mit Abb. 15 vergleichen, so sehen wir, daß das Jet-Stream-Niveau leicht aus einem Hodogramm identifizierbar ist. Es ist durch dasjenige Niveau gegeben, in dem die Windvektoren am weitesten gegen den Rand des Diagrammes hinausragen. Wir sehen weiterhin, daß in der Nähe des Jet-Stream Niveaus die Windrichtungen verhältnismäßig gleichförmig verlaufen. Diese Gleichförmigkeit scheint ein Charakteristikum des Jet-Stream zu sein. Lediglich in der unteren Troposphäre und in einiger Distanz oberhalb des Jet-Stream-Niveaus wehen die Winde aus einer Richtung, die signifikant von der Windrichtung im Jet-Stream-Niveau abweicht. In unserem Beispiel wehen die Winde nahe der Erdoberfläche aus dem Südosten, drehen dann in der Nähe des Jet-Stream-Niveaus nach Südwesten, um letzten Endes in einiger Distanz oberhalb des Jet-Stream-Niveaus, in der Stratosphäre, nach Westen weiterzudrehen.

Windmessungen mittels Flugzeug

Wird ein Flugzeug gewissenhaft navigiert, so kann es verläßliche Winddaten liefern. Die Grundprinzipien der Navigation haben wir bereits auf S. 22—24 kennengelernt. Nehmen wir an, daß der Pilot genau seine wahre Luftgeschwindigkeit (true air-

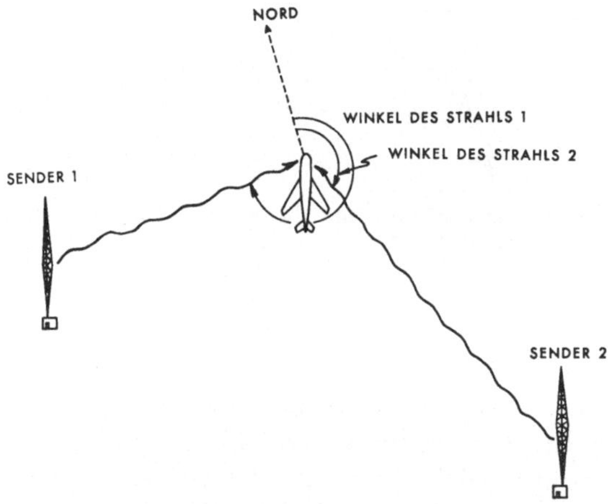

Abb. 19. Die Position eines Flugzeuges kann durch Messung der Einfallswinkel zweier Radiostrahlen bestimmt werden. Das Flugzeug befindet sich im Schnittpunkt der beiden Strahlen

speed, TAS) und seine wahre Flugrichtung beobachtet (siehe Abb. 4). Während er diese beiden Größen konstant zu halten versucht, stellt er seine genaue geographische Position, etwa einmal pro Stunde, fest. Er kann entweder geographische Sichtmarken mit einer Karte vergleichen, oder die Position eines Fixsternes feststellen, oder die Lage des Flugzeuges in bezug auf zwei Radiosender messen (Abb. 19). (Der Schnittpunkt der zwei Radiostrahlen, auf einer Navigationskarte eingetragen, ergibt die Position des Flugzeuges.)

Der Abstand und die Richtung zwischen zwei aufeinanderfolgenden Positionspunkten (F_1 und F_2) bestimmen den *Bodengeschwindigkeitsvektor*. Dieser mißt den tatsächlichen Flugweg, den das Flugzeug zurücklegte (Abb. 20). Falls die beiden Positions-

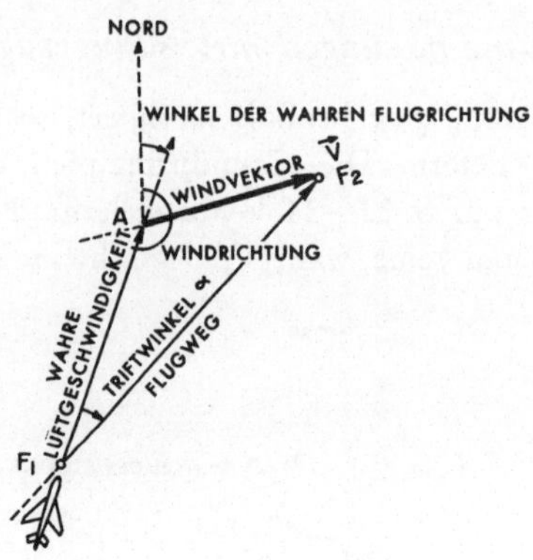

Abb. 20. Der Flugzeugführer kann die Richtung und Stärke des Windvektors leicht aus den 1 Std auseinanderliegenden Positionspunkten F_1 und F_2 bestimmen

punkte im Abstand von genau 1 Std erhalten wurden, kann die Bodengeschwindigkeit direkt in Landmeilen pro Stunde oder in km/h vom Maßstab der Navigationskarte abgelesen werden, in welche der Bordoffizier den Kurs des Flugzeuges eingetragen hat.

Angenommen, daß die wahre *Flugrichtung* während dieser Stunde konstant gehalten wurde. Sie zeigt die Richtung an, von der der Navigator annehmen müßte, daß sie vom Flugzeug eingehalten würde, hätte er nicht die tatsächlichen geographischen Positionspunkte vermessen. Wir tragen die *wahre Flugrichtung* als Linie ausgehend vom Punkt F_1 in unsere Navigationskarte ein. Entlang dieser Linie würde das Flugzeug mit der wahren Fluggeschwindigkeit von soundsovielen Meilen pro Stunde bei Windstille fliegen. Der Pilot versuchte, diese Geschwindigkeit während des einstündigen Fluges konstant zu halten. Tragen wir die wahre Fluggeschwindigkeit entsprechend des Maßstabes der Navigationskarte entlang der Linie der wahren Flugrichtung, ausgehend vom

Punkte F_1, ein, so erhalten wir den Punkt A. Theoretisch sollte sich das Flugzeug nach einstündigem Fluge über diesem Punkt A befinden, wenn wir die Zeit über dem Punkt F_1 zu zählen beginnen. In Wirklichkeit jedoch befindet sich das Flugzeug über dem Punkt F_2. Der Wind bewirkte die Abdrift von A nach F_2.

Der Windvektor $\vec{V}$, der den Flug während dieser einen Stunde beeinflußte, ist durch die Länge und die Richtung der Linie von A nach F_2 gegeben. Er kann unmittelbar in Meilen pro Stunde oder km/h vom Maßstab der Navigationskarte abgelesen werden.

Von den verschiedenen Linien, die wir in unsere Navigationskarte eingetragen haben, können wir den Driftwinkel α berechnen, der durch den Wind verursacht wurde. Ebenso läßt sich der Winkel der *Windrichtung* bestimmen.

Mit diesen Erklärungen können Sie sich nun als gewiegter Navigator betrachten. Wollen Sie sich selbst mit dem folgenden Beispiel testen? Ein Flugzeug fliegt von Denver (Colorado) mit einer wahren Flugrichtung von 80° und einer wahren Fluggeschwindigkeit von 200 Knoten ab. Nach genau 2 Std überfliegt der Pilot Topeka (Kansas). Zu bestimmen ist der Driftwinkel, die Windgeschwindigkeit in nautischen Meilen pro Stunde (Knoten) und die Windrichtung in Graden.

Aus diesem kurzen Beispiel läßt sich ersehen, daß mit einer Navigationsmethode der Navigationsoffizier der meistbeschäftigte Mann an Bord des Flugzeuges ist, sollte das Flugzeug nicht hoffnungslos verloren gehen. Bei Bewölkung ist es unter Umständen unmöglich, eine geographische Ortung aus Bodenmarkierungen oder Sternpositionen vorzunehmen. Über den weiten Bereichen der Ozeane, besonders in der Südhemisphäre, sind keine Radiostrahlen verfügbar, die das Flugzeug lenken würden. Der Flugzeugführer kann sich in diesem Falle nur auf die vorhergesagten Windvektoren verlassen, die über diesen Gebieten keineswegs genau sind. Dazu stehen ihm noch die Anzeigen der Flugrichtung und der Luftgeschwindigkeit an Bord des Flugzeuges zur Verfügung. Wir nennen diese Art der Navigation *dead reckoning*, denn dem Navigator stehen in diesem Falle keine (lebendigen) Positionspunkte zur Verfügung, mit denen er seine Berechnungen überprüfen könnte. Sind die Windvorhersagen falsch, so kann sich der Navigationsoffizier hoffnungslos „verfranzen". Derartige Fälle sind schon des öfteren vorgekommen.

Doppler-Radar

Ein weittragender Fortschritt in der Navigation — und ebenso in der Windmessung mittels Flugzeug — beruht auf der Entwicklung des *Doppler-Radar*. Es beruht im Prinzip auf dem *Doppler-Effekt,* den Sie schon des öfteren beobachtet haben. Nähert sich eine Lokomotive mit großer Geschwindigkeit einer Bahnüberführung, so ertönt ihr Pfiff mit einem hohen Ton. In dem Augenblick, da die Lok vorüberschießt, ändert sich ihr Pfiff in markanter Weise und nimmt einen wesentlich tieferen Ton an. Warum?

Der Ton des Pfiffes ist durch die Frequenz der Schallwellen bestimmt, die gleichbedeutend ist der Anzahl der Wellen pro Sekunde, die das Ohr treffen. Je höher der Ton, desto höher die

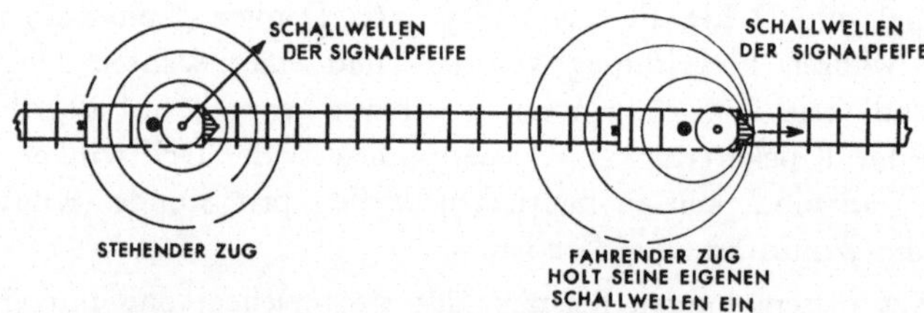

Abb. 21. Infolge des Doppler-Effekts, der den Ton einer sich rasch nähernden Signalpfeife erhöht, werden die Schallwellen entlang einer Längeneinheit zusammengedrängt. Dies bewirkt für den Beobachter eine Erhöhung der Tonfrequenz bzw. eine Verkürzung der Schallwellen

Frequenz. Steht die Lokomotive still, so breiten sich die Schallwellen als konzentrische Kreise aus. Sie bewegen sich in jeder Richtung mit der Geschwindigkeit des Schalls, nämlich mit ungefähr 340 m/sec (Abb. 21 a). Ist die Lokomotive jedoch in rascher Fahrt begriffen (Abb. 21 b), so versucht sie gewissermaßen den Schallwellen ihres Pfiffes, die sich in der Richtung der Fahrt ausbreiten, nachzueilen. Andererseits läuft sie den Schallwellen davon, die sich in der Richtung entgegengesetzt der Fahrt bewegen. Daher sind *vor* dem Zug die aufeinanderfolgenden Schallwellen enger gestaffelt als *hinter* dem Zug. Engere Staffelung bedeutet jedoch höhere Frequenz und daher höheren Ton.

Wir wollen annehmen, daß die Signalpfeife einen Ton mit 1000 Hz (Schwingungen pro Sekunde) erzeugt. Dies bedeutet, daß 1000 Wellen pro Sekunde das Ohr treffen. Diese Wellen bewegen sich mit etwa 340 m/sec fort. Es füllen also 1000 Wellen die Distanz, die der Schall in dieser einen Sekunde zurücklegt. Jede Welle ist daher 34 cm lang. Angenommen der Zug bewegt sich mit 20 m/sec. Die 1000 Schallwellen, die während dieser einen Sekunde erzeugt werden, füllen daher nunmehr eine Strecke von nur 320 m. Die Wellenlänge beträgt daher $\frac{320 \text{ m}}{1000} = 0,32$ m. Die Frequenz ist gegeben durch

$$\frac{\text{Schallgeschwindigkeit}}{\text{Wellenlänge}} = \frac{\text{m/sec}}{\text{m}} = \frac{340}{0,32} \text{ , gemessen in Einheiten } \frac{1}{\text{sec}}$$

oder 1062 Hz (Schwingungen pro Sekunde). Der Ton des Pfiffes eines fahrenden Zuges ist daher um 62 Hz höher, als der eines stehenden Zuges, falls sich die Lokomotive gegen den Beobachter hin bewegt.

Entfernt sich der Zug vom Beobachter, so füllen nunmehr 1000 Schallwellen die Strecke von 360 m. Dies bedeutet eine Wellenlänge von 36 cm und eine Frequenz von $\frac{340}{0,36} = 945$ Hz. Die Änderung der Tonhöhe des Pfiffes, während der Zug den Beobachter passiert, beträgt somit 117 Hz. Falls Sie das Ohr eines geschulten Musikers besitzen, so könnten Sie die Geschwindigkeit des Zuges aus der Tonänderung seines Pfiffes bestimmen.

Das Doppler-Radargerät führt genau aus, was ein geübter Musiker täte, wenn er die Geschwindigkeit eines vorübereilenden Zuges abschätzen würde. Der einzige Unterschied besteht darin, daß das Radargerät elektromagnetische Impulse ausschickt, welche eine Geschwindigkeit von 299 790 km/sec besitzen, und daß das Flugzeug einige Distanz über dem Erdboden dahinfliegt. Es muß daher den Radarstrahl nach abwärts richten, und zwar unter einem Winkel, den wir mit γ bezeichnen (Abb. 22). Mit einem äußerst sensitiven, elektronischen Gerät können wir die Änderung der Frequenz zwischen dem ausgesandten Signal und dem vom Boden reflektierten Signal messen. Das Signal durchläuft die Distanz zwischen Flugzeug und Boden zweimal, wir müssen sie daher zweimal in unserer Rechnung berücksichtigen.

Die Doppler-Gleichung gibt die Frequenzänderung als Funktion der Bodengeschwindigkeit des Flugzeuges und des *Neigungswinkel γ* des Radarstrahles an:

Frequenzänderung =

$$\frac{2\times(\text{Bodengeschwindigkeit des Flugzeuges})\times(\text{Frequenz des Signales})\times\cos\gamma}{\text{Lichtgeschwindigkeit}}.$$

In dieser Gleichung müssen Bodengeschwindigkeit und Lichtgeschwindigkeit in denselben Einheiten ausgedrückt werden, z. B. in km/h.

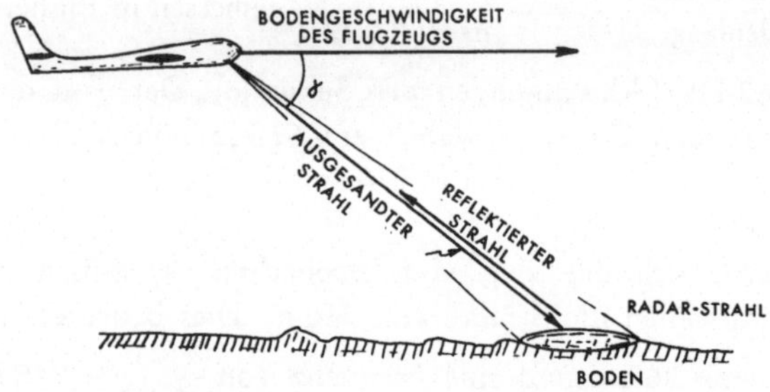

Abb. 22. Das Doppler-Radar mißt die Bodengeschwindigkeit eines Flugzeuges durch die Frequenzverschiebung zwischen dem ausgesandten und dem reflektierenden Radarstrahl

In der Astronomie wird der Doppler-Effekt zur Abschätzung der Geschwindigkeit verwendet, mit der sich entfernte Sterne von der Erde wegbewegen. Wir wissen, daß bestimmte Atome Licht von einer ganz bestimmten Farbe, d. h. von einer ganz bestimmten Frequenz, aussenden, falls sich diese Atome in einem sehr heißen Zustand befinden. Bewegt sich der Stern von uns weg, so erscheint sein Licht nicht genau in den Frequenzen der atomaren Spektren, die wir im Laboratorium vermessen, sondern das Licht zeigt eine Frequenzverschiebung gegen niedere Frequenzen hin. Da rotes Licht durch relativ niedere Frequenzen gekennzeichnet ist, blaues Licht dagegen durch hohe Frequenzen, so wird das Licht eines sich uns nähernden Sternes charakteristische Banden besitzen, welche gegen das blaue Ende des Spektrums hin verschoben sind. Entfernt sich hingegen der Stern von uns, so sind dieselben Banden gegen das rote Ende des Spektrums hin verschoben. Da wir annehmen können, daß sich das Licht des betreffenden Sternes auf einer geraden Linie gegen uns zu bewegt, so können wir den Winkel γ mit 0 annehmen und $\cos \gamma$ daher $= 1$ setzen. Dies bedeutet, daß wir uns um diesen Faktor nicht mehr kümmern müssen. Um wieviel wird sich eine Spektrallinie des Lichtes, die eine Wellenlänge von 0,5 Mikron besitzt, verschieben, wenn sich der Stern, der diese Linie aussendet, von uns mit einer Geschwindigkeit von 10 000 km/sec wegbewegt? Hinweis:

$$\text{Frequenz} = \frac{\text{Lichtgeschwindigkeit}}{\text{Wellenlänge}} ,$$

$$1 \text{ Mikron} = 1 \, \mu = \frac{1}{1000} \text{ mm},$$

$$1 \text{ mm} = \frac{1}{1000} \text{ m}.$$

Mit einem hochentwickelten Radargerät an Bord eines Flugzeuges können wir nicht nur die Bodengeschwindigkeit direkt messen, sondern auch den Driftwinkel. Dies geschieht dadurch, daß

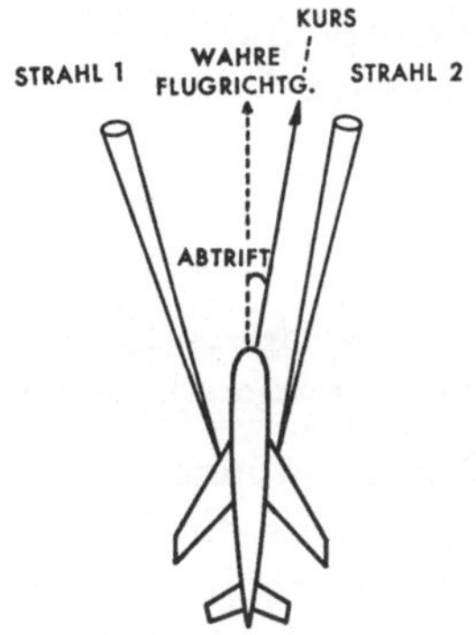

Abb. 23. Der durch Seitenwind verursachte Driftwinkel eines Flugzeuges kann mittels zweier schräg nach vorn gerichteter Doppler-Radarstrahlen gemessen werden. Die Frequenzverschiebung wird bei dem Strahl größer sein, der in die Richtung weist, in die das Flugzeug driftet

zwei Radarstrahlen gleichzeitig ausgeschickt werden, einer nach links vorne, der andere nach rechts vorne, gemessen von der Richtung, in der das Flugzeug fliegt. Das reflektierte Signal jedes der beiden Strahlen zeigt eine Doppler-Verschiebung in seiner Frequenz. Falls das Flugzeug nicht nach irgendeiner Seite hin abdriftet, ist diese Doppler-Verschiebung für beide Strahlen dieselbe. Zeigt sich jedoch infolge von Querwinden eine Drift nach irgendeiner Seite hin, so weist der Radarstrahl in dessen Richtung das Flugzeug driftet, eine größere Frequenzverschiebung auf, als der andere Strahl (Abb. 23). Der Unterschied in der Frequenzverschiebung der beiden Strahlen ist um so größer, je größer der Driftwinkel ist. Wir besitzen daher die Möglichkeit, diesen Driftwinkel direkt an Bord des Flugzeuges abzulesen.

Mit Hilfe eines Doppler-Radargerätes kann man den Kurs eines Flugzeuges durch „dead reckoning" berechnen. Der Navigator braucht also seine geographische Position nicht mittels einer Fixsternvisierung oder einer Geländemarkierung zu bestimmen — vorausgesetzt natürlich, daß das Doppler-Gerät richtig funktioniert.

Windscherung

In der Definition des Jet-Stream auf Seite 9 wurde der Ausdruck *Windscherung* benutzt. Ändert sich der Wind entlang einer Koordinatenrichtung, so wird dadurch eine Scherung erzeugt, d. h. die schneller strömende Luft wird versuchen, die langsameren Luftmassen mitzuschleppen. Wir nennen die Änderung des Windes über eine gewisse Distanz die *Windscherung*:

$$\text{Windscherung} = \frac{\text{Windgeschwindigkeitsunterschied}}{\text{Distanz über welche dieser Unterschied gemessen wird}}.$$

Angenommen die Windgeschwindigkeit in 100 m Höhe beträgt 20 m/sec. Am Boden selbst ist die Windgeschwindigkeit 0. Wie groß ist die Windscherung zwischen diesen beiden Niveaus? Die Antwort ist sehr einfach. Die Scherung beträgt $\frac{20}{100} = 0{,}2$, in Einheiten $\frac{1}{\text{sec}}$.

Auf Seite 42 lernten wir einiges über vertikale Windprofile. Ändert sich die Windgeschwindigkeit in einem derartigen Profil, so ist dies ein Zeichen dafür, daß eine *vertikale Windscherung* vorhanden ist. Nur wenn die Windgeschwindigkeit mit der Höhe konstant bleibt, existiert keine Windscherung, denn in diesem Fall ist der Windgeschwindigkeitsunterschied zwischen den beiden

Niveaus gleich 0. Angenommen die Windgeschwindigkeit in 300 m
Höhe beträgt 30 m/sec, in 600 m über dem Boden ebenfalls
30 m/sec aus derselben Richtung. Offensichtlich $30 - 30 = 0$ m/sec.
Zwischen den beiden Niveaus existiert daher keine Windscherung.

Wir müssen mit dieser Aussage jedoch vorsichtig sein, denn
der Wind ist ein *Vektor*, der durch seine *Geschwindigkeit* und
Richtung angegeben ist. Angenommen in 1000 m Höhe wehe ein
Westwind von 5 m/sec. In 2000 m beobachten wir einen Ostwind
von ebenfalls 5 m/sec. Offensichtlich ist die Windscherung nun
$\dfrac{10}{1000\ \text{m}}$. In Abb. 24 wird gezeigt, daß die Verhältnisse noch
komplizierter sind, falls sich der Wind mit der Höhe um einen
Winkel dreht, der von 180° verschieden ist. Der Scherungsvektor
kann dadurch konstruiert werden, daß wir mit einer Linie den

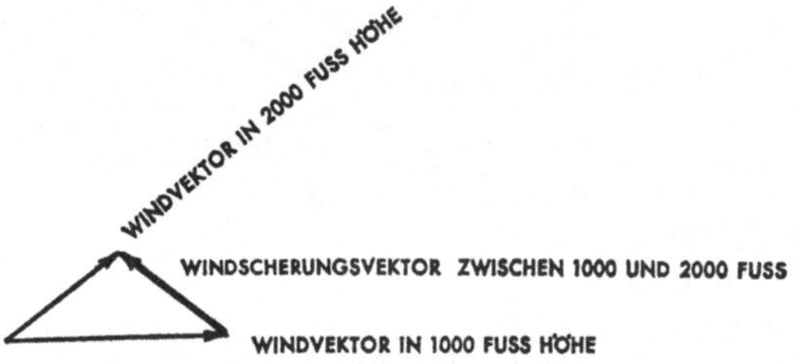

Abb. 24. Der Windscherungsvektor weist vom Endpunkt des unteren
Windvektors zum Endpunkt des oberen Windvektors. Der Scherungsvektor zeigt die Drehung des Windes mit der Höhe an (in diesem Fall
im Gegenuhrzeigersinn)

Endpunkt des 1000 m Windvektors mit dem Endpunkt des
2000 m Windvektors verbinden. In dem Beispiel in Abb. 24 dreht
sich der Wind mit der Höhe im Gegenuhrzeigersinn.

An Hand der Abb. 18 erinnern wir uns, daß Windvektoren,
so wie sie in Abb. 24 dargestellt sind, übersichtlich in ein *Hodogramm* eingetragen werden können. Verbinden wir daher die
Endpunkte der Vektoren in einem Hodogramm, so erhalten wir
unmittelbar die *Scherungsvektoren*. Ihre Größe kann in m/sec
oder Knoten gemessen werden, je nach der Skala, die durch den
radialen Abstand zwischen den konzentrischen Kreisen des Hodo-
grammes gegeben ist. So beträgt z. B. der Scherungsvektor zwischen den Winden in 12 und 13 km Höhe 19 m/sec pro km

$\left(\text{oder } 0{,}019 \text{ in Einheiten } \dfrac{1}{\text{sec}}\right)$, und besitzt die Richtung 51° (aus Nordosten).

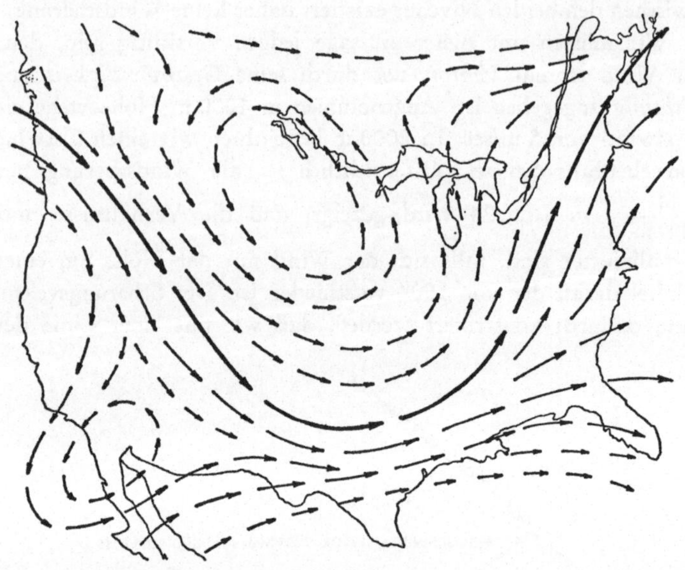

Abb. 25. Der Strahlstrom über Nordamerika ist hier schematisch für eine typische Wetterlage angedeutet. Die Pfeile weisen in die Windrichtung. Ihre Länge ist proportional zur Windgeschwindigkeit. Die Windgeschwindigkeiten in der Strahlstromachse (dicke Pfeile) übersteigen im Winter oft 120 Knoten

Horizontale Scherungen lassen sich ebenfalls sehr einfach messen. Falls Winde in eine Karte eingetragen werden, wie dies in Abb. 25 gezeigt ist, so brauchen wir lediglich die Windgeschwindigkeitsdifferenz über einen gewissen horizontalen Abstand normal zur Richtung der Strömung zu messen. Wir können den Kartenmaßstab dazu benützen, diese Distanz abzumessen. Wiederum:

$$\text{Windscherung} = \frac{\text{Windgeschwindigkeitsdifferenz}}{\text{Abstand über welche diese Differenz gemessen wurde}}$$

und die Scherung ist wiederum in Einheiten $\dfrac{1}{\text{sec}}$ angegeben.

Aus Abb. 25 und 26 ersehen wir, daß horizontale Windscherungen auf beiden Seiten der Achse stärksten Windes vorhanden sind. Diese Achse nennen wir die *Jet-Achse*, falls die Winde stark genug sind, um als Jet-Stream zu qualifizieren. Wir wollen ein hypothetisches Experiment ausführen: Würden wir einen schwimmenden Stock quer zur Strömung auf der linken Seite der Strahlstromachse (Blickrichtung stromabwärts) legen, so würde die horizonale Windscherung auf dieser Seite des Jet-Stream eine Drehung des Stockes entgegen dem Uhrzeigersinn bewirken. Würden wir

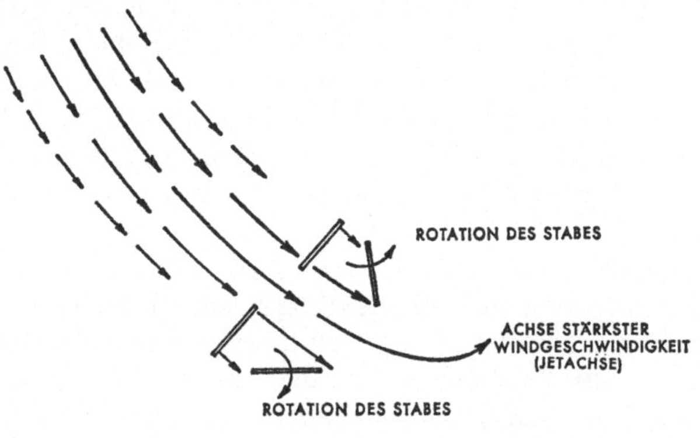

Abb. 26. Schematische Darstellung der horizontalen Windscherung zu beiden Seiten des Strahlstromes. Die Länge der Pfeile ist proportional zur Windgeschwindigkeit. Die Geschwindigkeitsunterschiede würden eine Drehung der Stäbe hervorrufen. Der obere Stab rotiert „zyklonal", der untere „antizyklonal"

dasselbe Experiment auf der rechten Seite der Strahlstromachse (Blickrichtung wiederum stromabwärts) durchführen, so würde sich der Stock im Uhrzeigersinn drehen. Rotation im Gegenuhrzeigersinn nennen wir auf der Nordhemisphäre *zyklonale Rotation*. Drehung im Uhrzeigersinn auf der Nordhemisphäre heißt *antizyklonale Rotation*. Wir sagen daher, daß die Windscherung auf der linken Seite der Strahlstromachse *zyklonal* ist, auf der rechten Seite der Jet-Achse jedoch *antizyklonal*.

Um das Phänomen des Jet-Stream etwas besser zu definieren, hat die World Meteorological Organization die folgende zusätzliche Erläuterung der auf Seite 9 angegebenen Aussage hinzugefügt:

In der Regel ist ein Strahlstrom Tausende Kilometer lang, Hunderte Kilometer breit und etliche Kilometer tief. Die vertikale Windscherung besitzt die Größenordnung von 5—10 m/sec·km, und die horizontale Scherung ist von der Größenordnung von 5 m/sec·100 km. Eine willkürliche untere Grenze der Geschwindigkeit entlang der Achse eines Strahlstromes wird mit 30 m/sec festgesetzt.

Wir wollen einen Jet-Stream mit 100 m/sec Maximalgeschwindigkeit annehmen, dessen Achse 10 km über dem Boden liegt. Wie tief und wie breit wird dieser Jet-Stream sein, falls wir obige Werte der mittleren vertikalen und horizontalen Windscherung annehmen, und falls wir ferner feststellen, daß nur die Gebiete mit Windgeschwindigkeiten stärker als 30 m/sec zum Jet-Stream gehören?

Mit einer vertikalen Windscherung von 10 m/sec pro km können wir berechnen, daß der Jet-Stream unseres Beispieles 14 km dick wäre, falls wir annehmen, daß dieselbe lineare Windscherung sowohl in der Troposphäre als auch in der Stratosphäre vorherrscht. (Die Strahlstromachse liegt in einer Höhe von 10 km. Unter den oben getroffenen Annahmen reicht der Jet-Stream 7 km in die Troposphäre und 7 km in die Stratosphäre.) Mit einer horizontalen Windscherung von 5 m/sec pro 100 km wäre dieser Strahlstrom 2·1400 km = 2800 km breit.

Aus Abb. 15 können wir ersehen, daß die vertikale Windscherung nicht immer oberhalb und unterhalb des Niveaus maximalen Windes gleich ist. In dem Beispiel dieser Abbildung ist der Jet-Stream ungefähr 7 km dick. Für gewöhnlich ist die zyklonale Windscherung, in horizontaler Richtung gemessen, stärker als die antizyklonale Scherung, wie wir später an Hand von Beispielen noch sehen werden. Diese Unterschiede werden in der Regel die Breite des Jet-Stream etwas gegenüber der obigen Abschätzung vermindern. Nichtsdestoweniger ersehen wir aus diesen Beispielen, daß ein typischer Jet-Stream eigentlich nur eine ganz dünne Schicht hoher Windgeschwindigkeit darstellt, die in die Atmosphäre eingelagert ist.

Kapitel IV

Auf der Spur des Jet-Stream

Wie man „den Wald vor lauter Bäumen nicht sieht"

Der Jet-Stream mag zwar für die Piloten des zweiten Weltkrieges ein geheimnisvolles Rätsel gewesen sein, im Zeitalter der Raumfahrt brauchen wir jedoch keine Lupe mehr, wenn wir uns auf die Suche nach diesen Luftströmen in der Atmosphäre begeben. Die Strahlströme haben sich in den Jahren seit dem Krieg sehr gut in die sterile Atmosphäre einer Wetterbürodienststelle eingefügt. Hunderte von Messungen, über die ganze Erde verteilt, überwachen ständig die Bewegungen und das Verhalten dieser Ströme. Zivil- und Militärpiloten ergänzen diese Messungen ständig mit ihren eigenen Berichten und steuern so wertvolle Informationen bei, die uns die Luftbewegungen über unbewohnten Gebieten ohne Radiosondenstationen verfolgen lassen.

Im vorangehenden Kapitel wurde die Technik der Messungen von Höhenwinden und Strahlströmen beschrieben. Wir wollen nunmehr die Resultate dieser Messungen auf der Suche nach dem Jet-Stream anwenden. Diese Suche ist weder aufregend noch schwierig, und obwohl uns die Hinweise auf den Jet-Stream nur in verschlüsselter Sprache zur Verfügung stehen, läßt sich dieser „Geheimkodex" leicht in verständliche Werte und Begriffe übersetzen. Wir wollen zunächst mit den Radiosonden- und Rawinsondenbeobachtungen beginnen.

Aus den Ballonpositionen, die jede Minute des Aufstieges erhalten wurden, konnten wir die Windgeschwindigkeit und Windrichtung berechnen, so wie dies oben beschrieben wurde. Vertikale Windprofile, welche die Verteilung des Windvektors mit der Höhe angeben, konnten aus diesen Werten konstruiert werden. Die auf diese Weise erhaltenen Informationen müssen nunmehr mit Ballonaufstiegen an anderen Stationen verglichen werden. Wir können uns leicht vorstellen, daß diese Aufgabe große Anforderung an das Nachrichtenwesen stellt. Falls wir unsere Windmessungen sehr genau machen, entdecken wir eine große Zahl kleiner Schwankungen in den Windprofilen. Das FPS 16-Radar, das zur Ortung von Raketen während ihrer Raumfahrt entwickelt wurde, ist so genau, daß auch die kleinsten Ballonschwankungen damit festgestellt werden können. Verfolgen wir mit diesem Radargerät einen aufsteigenden Ballon, so finden wir, daß sich die Atmosphäre in einem bemerkenswerten Zustand von Turbulenz befindet. Abb. 27 zeigt ein Beispiel derartiger Messungen, die über Kap Kennedy in 45 min Abständen vorgenommen wurden.

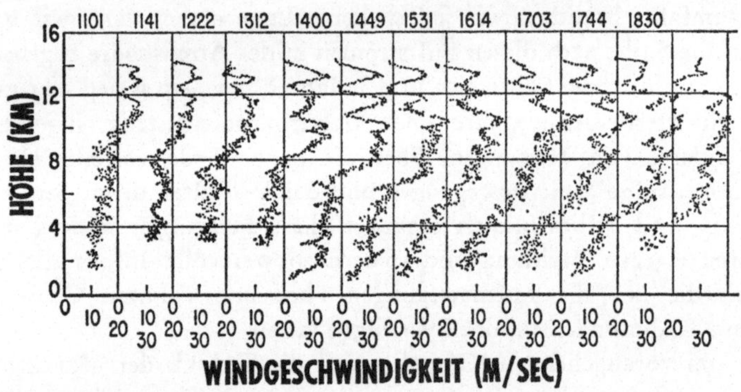

Abb. 27. Radarwindmessungen über Kap Kennedy am 3. Januar 1963. Die Greenwicher Zeit jedes Ballonaufstieges — Startzeit — ist am oberen Rand des Diagrammes markiert. Die Abszisse enthält Windgeschwindigkeit in m/sec, die Ordinate Höhe in km

Betrachten wir dieses Diagramm genauer, so sehen wir, daß manche dieser „Zacken" in den Windprofilen oft stundenlang anhalten. Andere Zacken wiederum sind von vergänglicher Natur und können nur in ein oder zwei aufeinanderfolgenden Aufstiegen identifiziert werden. Der untere Teil dieser Aufstiegskurven scheint etwas verschwommen zu sein. Die einzelnen Meßpunkte in diesem Diagramm wurden in Abständen von je 3 sec (anstatt in Minutenabständen, so wie dies mit dem Standardradargerät der

Fall wäre) erhalten und nehmen den Charakter einer etwas dikken Punktlinie oder Punktwolke an. Nur in größeren Höhen, oberhalb des 10 km-Niveaus, fallen die einzelnen Punktanordnungen in eine leicht sichtbare Zickzackkurve. Die Erklärung für das Verhalten der Meßpunkte, die mit dem FPS 16-Radar gewonnen wurden, ist folgende: Dieses Radargerät ist für meteorologische Zwecke zu genau. Wird ein Ballon während seines Aufstiegs vermessen, so zeigt dieses Gerät selbst die unsteten Bewegungen an, die dadurch zustande kommen, daß der Ballon während seines Aufstiegs durch die Luft kleine Wirbel von seiner Haut abschüttelt. (Wir können dies dadurch beweisen, daß wir einen Ballon in einem vollkommen windstillen Flugzeughangar aufsteigen lassen. Der Ballon schwebt nicht vertikal nach oben, sondern folgt einer Zickzacklinie auf Grund von selbsterzeugter Turbulenz. Diese erratischen Bewegungen werden vom FPS 16-Radar aufgespürt.)

Es ist offensichtlich, daß wir auf der Suche nach dem Jet-Stream dieser ballonerzeugten Turbulenzbewegung kein Augenmerk schenken können. Wir müssen selbst die in der Atmosphäre selbst vorhandene Turbulenz außer Acht lassen, denn diese kleinen Wirbel haben nur kurze Lebensdauer. Sie bleiben bestenfalls einige Minuten erhalten. Höhenwindmessungen dagegen werden einmal pro 12 Std Intervall vorgenommen. Wir können ruhig annehmen, daß kleinräumige Turbulenz nicht über derartig lange Zeiträume anhält.

Hier stoßen wir auf ein Problem, das nicht nur für die Meteorologie, sondern auch für die anderen Gebiete physikalischer Messungen wichtig ist. Welche Genauigkeit und welches Auflösevermögen müssen Messungen besitzen, um eine gültige Antwort auf wissenschaftliche Fragen zu stellen?

Es ist offensichtlich, daß die Wahl eines 12 Std-Intervalles zwischen Radiosondenmessungen dazu angetan ist, um lediglich die Struktur und Bewegungen der Atmosphärer in großräumigem Maßstab zu erfassen, so wie sie die täglichen Wetterentwicklungen, die Zyklonen, die Antizyklonen, die Fronten, usw. beeinflussen. Würden wir dagegen Messungen jede $^1/_2$ Std vornehmen, so könnten wir möglicherweise die langlebigeren Zacken in den Windprofilen, die in Abb. 27 gezeigt wurden, verfolgen. Eine noch feinere Unterteilung der Zeitskala, in Form von noch häufigeren Aufstiegsbeobachtungen, würden das Problem der Erfassung kleinräumiger Turbulenzvorgänge auch nicht einer Lösung näher führen. Die Radiosondenstationen über Nordamerika, welche die größte Netzdichte auf der westlichen Hemisphäre erreichen, sind immerhin noch an die 450—500 km voneinander entfernt. Selbst wenn wir Aufstiegsmessungen alle paar Minuten vornähmen, würden wir nicht wissen, was sich zwischen den einzelnen Stationen ereignete. Wir müßten daher Radiosondenstationen in Abständen von wenigen Kilometern errichten. Dies würde jedoch ohne Zweifel eine Revolte unter den Steuerzahlern hervorrufen. Unsere meteorologischen Beobachtungen würden unter einem derartigen Aufwand den größten Teil des Brutto-Nationalproduktes verschlingen.

Ein derartiger Vorschlag wäre offensichtlich unpraktisch. Wir müssen daher mit dem auszukommen versuchen, was wir leicht erhalten können. Für die Zwecke der großräumigen Wetteranalyse und Vorhersage können wir daher auf die kleinräumigen Details in der Atmosphäre verzichten. Dies bringt jedoch einen Nachteil mit sich, dessen wir uns bewußt sein müssen: In der Meteorologie gilt wohl mehr als in jeder anderen Wissenschaft das Sprichwort: „Kleine Ursachen, große Wirkungen". Kleine, vernachlässigte Details in der atmosphärischen Struktur und in den Strömungsverhältnissen können weiter stromabwärts und zu einem späteren Zeitpunkt die Entwicklung einer großen Sturmzyklone entfesseln. Da wir offensichtlich nicht in der Lage sind, alles überall und jederzeit zu messen, müssen wir uns damit begnügen, daß unsere Wettervorhersagen, gleichgültig wie gut sie sein mögen und wie raffiniert sie erhalten wurden, mit zunehmender Länge der Zeitspanne, über welche sie sich erstrecken, an Zuverlässigkeit verlieren. Selbst Satelliten und bemannte Raumstationen werden nicht in der Lage sein, diese Grundtatsache zu ändern, selbst dann nicht, wenn manche Zeitungsmeldungen voll von optimistischer Zukunftsmusik sind.

Da wir leider nicht mit der Gabe der Allwissenheit ausgerüstet sind, was atmosphärische Belange angeht, wäre nichts damit gewonnen, wenn wir selbst die markanteren Zacken, die in den Aufstiegskurven der Abb. 27 gezeigt sind, in unseren Wetteranalysen berücksichtigen würden. Diese Vernachlässigungen bringen glücklicherweise eine Entlastung des Nachrichtendienstes mit sich. Wir sind nämlich nun in der Lage, eine beschränkte Auswahl von Punkten entlang des vertikalen Windprofiles zu treffen — die sog. Standardniveaus —, für welche die Werte der Windgeschwindigkeit und der Windrichtung in numerischer Form an ein meteorologisches Zentralbureau zur Weiterverarbeitung übermittelt werden.

Diejenigen unter den Lesern, welche von Abenteuergeschichten romantisch angehaucht sind, mag wohl die Tatsache interessieren, daß diese Nachrichtenübermittlung in einem „Geheimschlüssel" erfolgt, welcher das Datum, die Zeit, die Stationsnummer usw. angibt. Verschiedene Schlüssel stehen für Windmeldungen, kombinierte Wind- und Temperaturmessungen, Luftdruck und Feuchteberichte durch reguläre Radiosondenaufstiege zur Verfügung. Eine volle Erläuterung ist in Tabelle II angegeben. Tabelle III enthält

Tabelle II. *Schlüssel der Höhenwetterbeobachtungen über Land-Stationen*

Windmeldungen:
IIiii GGi_hDf$_a$ Hddff Hddff ... 9999n Hddff ...

Radiosondenmeldungen:

IIiii GG$h_1h_1h_1$ $T_1T_1T_{d1}T_{d1}T_{x1}$ $0d_1d_1f_1f_1$
$\qquad P_2P_2h_2h_2h_2$ $T_2T_2T_{d2}T_{d2}T_{x2}$ $0d_2d_2f_2f_2$

$\qquad$ 55555 $00P_0P_0P_0$ $T_0T_0T_{d0}T_{d0}T_{x0}$ $0d_0d_0f_0f_0$
$\qquad n_1n_1P_1P_1P_1$ $T_1T_1T_{d1}T_{d1}T_{x1}$ $0d_1d_1f_1f_1$

Erklärung

Windberichte:

II	Blockzahl; deutet das Gebiet an, in dem die Beobachtungsstation gelegen ist. Beispiel: Stationen in Alaska berichten unter Block 70, die Vereinigten Staaten und Kanada unter Block 72 und 74, Mexiko unter Block 76, England und Irland unter Block 03, Frankreich unter Block 07, Deutschland unter Block 10, die Sowjetunion unter Block 20—38.
iii	Stationszahl; Beispiel: Green Bay (Wisconsin) besitzt die Stationszahl 645.
GG	Beobachtungszeit; angegeben in mittlerer Greenwicher Zeit (für gewöhnlich 0 Uhr oder 12 Uhr GMT).
i_h	Schlüsselzahl, welche die Höhenintervalle der folgenden Windmeldungen angibt, sowie die Art des Instrumentes, mit dem die Höhenwindbeobachtungen gemacht wurden (Pilotballon oder Radiotheodolit).

D	Richtung des Bodenwindes; durch eine Windrose mit 8 Punkten dargestellt. Beispiel: „0" bedeutet Kalme; „1" gibt einen Nordostwind an, „2" einen Ostwind, „4" einen Südwind, „8" einen Nordwind und „9" einen wechselnden Wind.
f_a	Bodengeschwindigkeit in Einheiten von 10 Knoten oder 5 m/sec. Beispiel: „0" bedeutet 0—4 Knoten oder 0—2 m/sec; „1" bedeutet 5—14 Knoten oder $2^1/_2$—7 m/sec etc.
H	Höhe in Einheiten von 300 m (1000 Fuß), 500 m, 1000 m über dem Erdboden, je nach der Zahl, die für i_h eingesetzt wurde.
dd	Windrichtung in Zehnergraden einer in 360° eingeteilten Windrose. Beispiel: „24" bedeutet einen Wind zwischen 236 und 245° (d. h. aus Südwesten).
ff	Windgeschwindigkeit in Knoten; ist die Windgeschwindigkeit stärker als 99 Knoten, so wird die Zahl 50 zur Windrichtung addiert. Beispiel: 88212 in dieser Gruppe bedeutet: Im Niveau 8 wurde eine Windrichtung von 320° bei einer Geschwindigkeit von 112 Knoten beobachtet.
9999n	n gibt die Zehnereinheiten an, die zu H in der folgenden Gruppe hinzugefügt werden müssen.

Radiosondenberichte:

Die hier nicht angeführten Symbole sind dieselben wie für die Windberichte.

$h_1h_1h_1$ $h_2h_2h_2$ etc.	Höhe der Standarddruckflächen 1,2 etc. über dem Meeresniveau, angegeben in Metern (Tausender und Zehntausender werden ausgelassen) oder in Zehn-Fuß-Einheiten (Einer, Zehntausender und Hunderttausender werden ausgelassen).
T_1T_1 T_2T_2 etc.	Temperatur in den Druckniveaus 1,2 etc. in Celsiusgraden. Für negative Werte zwischen 0 und —50° wird die Zahl 50 dazuaddiert. Beispiel: „12" kann entweder +12° C oder —62° C bedeuten. „78" gibt —28° C an.
$T_{d1}T_{d1}$ $T_{d2}T_{d2}$ etc.	Taupunkttemperatur in den Druckniveaus 1,2 etc., definiert als die Temperatur, bei der die vorhandene Luftfeuchtigkeit den Sättigungspunkt erreichen würde.
T_{x1} T_{x2} etc.	Schlüsselzahl; die es erlaubt die Werte der Temperatur und der Taupunkttemperatur auf 0,3° C genau abzuschätzen.
0	Schlüsselzahl; die andeutet, daß die folgenden vier Zahlen die Windrichtung in Zehnergraden und die Windgeschwindigkeit in Knoten oder m/sec (siehe Erläuterung der Windmeldungen) im entsprechenden Druckniveau angeben.
P_2P_2 P_3P_3 etc.	Standarddruckniveaus in 10 mb-Einheiten. Beispiel: „85" bedeutet 850 mb, „25" bedeutet 250 mb.
55555	Gruppe von Schlüsselzahlen; die angibt, daß die Berichte für markante Punkte des Radiosondenaufstieges nachfolgen. An diesen Punkten weist die vertikale Temperatur- oder Feuchteverteilung markante „Knickstellen" auf.
00 n_1n_1 etc.	der erste, zweite etc., dieser markanten Punkte mit den darauffolgenden Meßwertangaben.

Tabelle III. *Beispiele der verschlüsselten Meßwerte für Green Bay (Wisconsin) am 19. April 1963 um 0 Uhr Greenwicher Zeit (siehe Abb. 15 und 28)*

Windmeldung:

72645 00051 11722 22028 32628 42540
      52646 62652 72568 82578 92592
      99991 07506 17504 27504 32772
      42756 52656 62740 72842 82834
      92838 99992 02736

Anmerkung: Die Windgeschwindigkeiten in Abb. 15 wurden in m/sec eingetragen, während die oben angeführten verschlüsselten Meldungen die Windgeschwindigkeiten in Knoten enthalten.

Radiosondenaufstieg:

72645 00078 85452 09541 02013
      70975 50535 02513
      50590 66690 02630
      40231 77819 02539
      30229 93995 02545
      25430 03990 02554
55555 00984 05520 01204
      11969 02639 01409
      22873 03591 02014
      33851 07019 02013
      44575 58595 02622

Anmerkung: Das 1000 mb-Niveau, das in der zweiten fünfstelligen Zahlengruppe auftritt und das erste Standarddruckniveau des Radiosondenberichtes darstellt, liegt unterhalb des Terrains (78 m über dem Meeresniveau). Temperatur und Winde können daher für dieses Niveau nicht angegeben werden. Die dritte fünfstellige Zahlengruppe gibt die Höhe der 850 mb-Fläche mit 1452 m an. (In dieser verschlüsselten Meldung wurden die Höhenwerte in Metern und die Windgeschwindigkeiten in m/sec angegeben, obwohl in den Vereinigten Staaten gegenwärtig noch Fuß und Knoten in Gebrauch stehen.)

Die übrigen Höhenangaben sind wie folgt:

700 mb — 2 975 m
500 mb — 5 590 m
400 mb — 7 231 m
300 mb — 9 229 m
250 mb — 10 430 m

Der erste markante Punkt gibt den Bodendruck von 984 mb im Stationsniveau an, sowie die an der Station gemessene Temperatur, Taupunkttemperatur und die Bodenwindmeldung.

---

als Beispiel die verschlüsselte Radiosondenmeldung aus Green Bay (Wisconsin) (Stationsnummer 645) vom 19. April 1963, 0 Uhr mittlere Greenwicher Zeit. Diese Aufstiegsmeldung finden Sie auch im vertikalen Windprofil in Abb. 15 wiedergegeben. Die Temperaturmessungen können in ein Diagramm eingetragen werden, welches Temperatur und Luftdruck — mit der Höhe in einem nichtlinearen (exponentiellen) Maßstab abnehmend — als Koordinaten enthält (Abb. 28). (Der Luftdruck nimmt mit der Höhe ab,

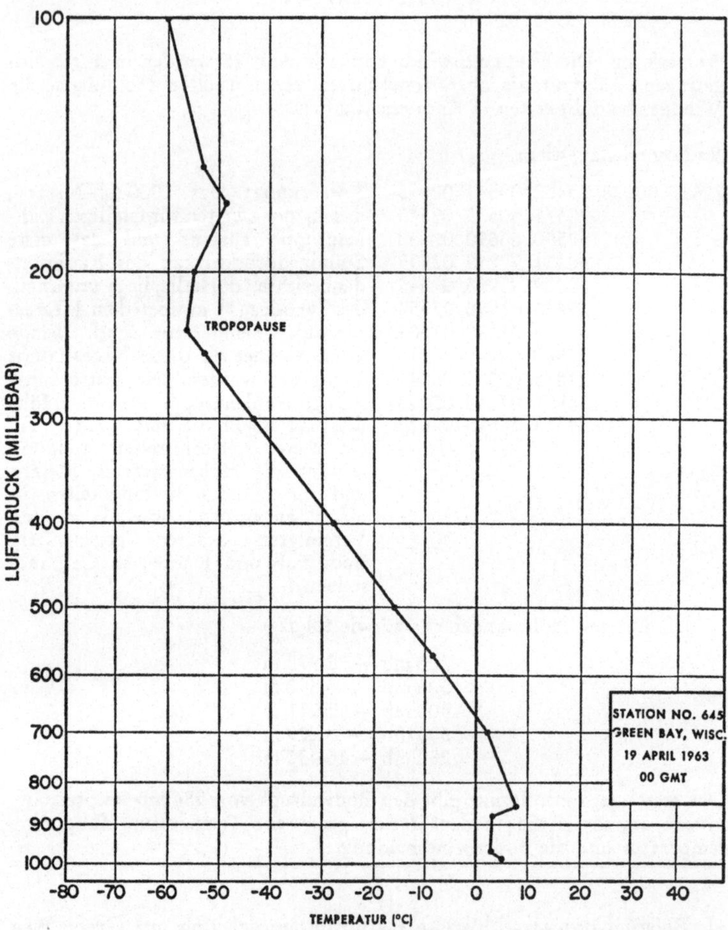

Abb. 28. Temperaturaufstieg über Green Bay (Wisconsin) am 19. April 1963 um 0 Uhr mittlere Greenwicher Zeit

da die Luft immer dünner wird. Diese Abnahme verringert sich jedoch, je höher wir in der Atmosphäre aufsteigen. Diese Tatsache kann durch eine Exponentialfunktion dargestellt werden.)

Kartographische Darstellung des Jet-Stream

Die verschlüsselten Windmeldungen von allen Radiosondenstationen werden nun miteinander verglichen. Dies mag zunächst schrecklich kompliziert klingen, in Wirklichkeit ist diese Aufgabe jedoch äußerst einfach, sobald ein entsprechendes „System" dafür ausgearbeitet ist. Eine ideale Betrachtungsweise des Jet-Stream würde sich aus der Konstruktion von dreidimensionalen Modellen des Strömungsfeldes ergeben. Was tun? Bleistift und Radiergummi würden bei dieser Aufgabe wenig nützen. Vielleicht könnten wir ein dünnes Drahtgeflecht verwenden, das wir nach allen Richtungen in die Gestalt der Flächen konstanter Temperatur oder konstanter Windgeschwindigkeit biegen könnten. Wir könnten damit die Neigung dieser Flächen in der freien Atmosphäre modellieren. Es würde wahrscheinlich ein Team moderner „Pop"-Künstler tagelang damit beschäftigt sein, ein derartiges „Modell" zu konstruieren. Wir müßten jedoch diese Konstruktionsaufgabe zweimal täglich erledigen, für alle Messungen, die in 12stündigem Abstand gemacht wurden. Offensichtlich würden die Daten sich wesentlich schneller anhäufen, als eine ganze Armee von „Künstlern" sie „verarbeiten" könnten. Was würden wir weiterhin mit diesen „Modellen" anfangen? Es wäre äußerst schwierig, quantitative Berechnungen damit anzustellen. Außerdem würden diese Modelle ein ganzes Arsenal von regierungseigenen Lagerhäusern benötigen, und dazu eine Armee von Hausbesorgern, die vollzeitig damit beschäftigt wären, sie abzustauben und hinter Schloß und Riegel zu verwahren.

Der Ausweg aus diesem idiotischen Dilemma ist offensichtlich der, unseren Verstand die dreidimensionale Modellierung anstellen zu lassen, während unsere „Kunst" den Jet-Stream nur in zwei Dimensionen darstellt. Selbst dieser Kompromiß erfordert einige Erfindungsgabe. Die vertikalen Windprofile beschreiben bereits die Windverteilung entlang der vertikalen, oder z-Koordinate.

Konstruieren wir eine Anzahl von horizontalen Karten, welche
die Winde in der x-y-Ebene in verschiedenen Höhen z angeben,
so haben wir einen mangelhaften, jedoch durchaus brauchbaren
Ersatz für eine dreidimensionale Darstellung (Abb. 29).

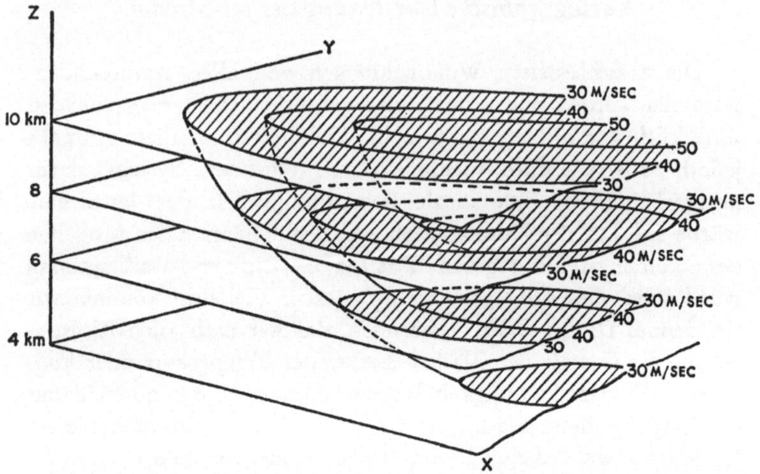

Abb. 29. Diese Schichtendarstellung der Windgeschwindigkeit entlang
horizontaler Flächen ist ein mangelhafter Ersatz für ein dreidimensionales Modell der atmosphärischen Strömungsverhältnisse

Anstelle einer Wetteranalyse auf Flächen konstanter Höhen
gewöhnten sich die Meteorologen daran, Winde und Temperaturen auf Flächen *konstanten Druckes* zu betrachten. Wir sprechen
von 850 mb-Karten, 500 mb-Karten, 300 mb-Karten usw. Dies
bedeutet, daß die meteorologischen Parameter, welche auf diesen
Karten eingetragen wurden, in den Niveaus der Atmosphäre gemessen wurden, in denen der Druck 850, 500, oder 300 mb betrug.
Besonders die Luftfahrtlinien fanden diese Darstellungsweise zu
ihrem Vorteil, denn Flugzeuge fliegen in der Regel nicht in konstanten geometrischen Höhen (über Normalnull), sondern entlang
einer konstanten *Druckhöhe*, wie sie durch das *Altimeter* angezeigt
wird. Dieses Instrument ist nichts anderes als ein Barometer, das
in Meter über Normalnull anstelle von mm Quecksilbersäule kali-
briert ist und die Höhe einer gewissen konstanten Druckfläche

anzeigt. Falls diese Fläche im Raume gekrümmt ist, steigt das Flugzeug auf oder ab, während es dieser Fläche folgt und eine konstante „Druckhöhe" beibehält.

Haben wir uns dazu entschlossen, Karten konstanter Druckflächen zu analysieren, ist unsere Aufgabe, den Jet-Stream zu finden, leicht gemacht. Wir tragen Wind, Temperatur, Höhe und (falls gemessen) Feuchtigkeitsdaten aus den Radiosonden in der geographischen Position jeder Beobachtungsstation für eine gewisse Beobachtungszeit, z. B. 19. April 1963, 0 Uhr mittlere Greenwicher Zeit, ein. Eine derartige Karte wird für jedes Druckniveau, z. B.

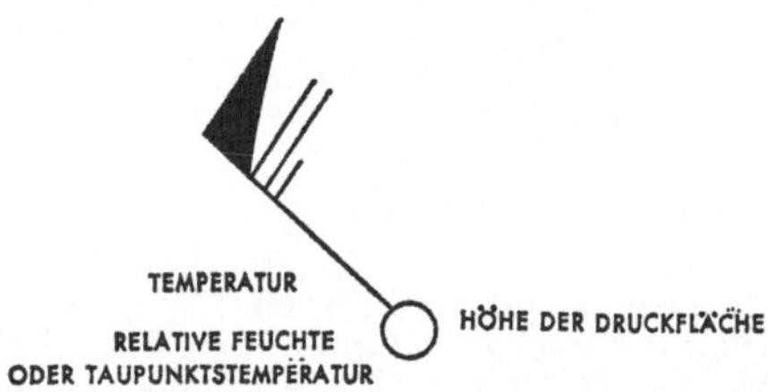

Abb. 30. Zeichenmodell zur einheitlichen Eintragung von Wettermeldungen in eine Wetterkarte. Der Kreis deutet die Lage der Station an und bildet gleichzeitig die „Spitze" des Windpfeiles. Die „Federn" des Pfeiles symbolisieren die Windgeschwindigkeit: ein schwarzes Dreieck bedeutet 50 Knoten, ein langer Strich 10 Knoten, ein kurzer Strich 5 Knoten. Der hier dargestellte Wind bläst aus Nordwesten mit einer Geschwindigkeit von 75 Knoten

die 250 mb-Fläche, konstruiert. Wir benützen dazu Karten, in denen die Position von Radiosondenstationen bereits vorgedruckt sind (siehe Abb. 16).

Um uns die Aufgabe einer Analyse einfacher zu gestalten, werden alle diese Informationen über den Zustand der höheren Atmosphärenschichten unter Benützung eines sog. „Zeichenmodelles" eingetragen. In jeder Meßstation werden sämtliche Daten in derselben Art und Weise bezeichnet, so daß wir, wenn wir darangehen, Wind und Temperaturfelder zu analysieren, nicht die Begabung eines Detektivs benötigen, um die in jeder Karte vermerkten Informationen lesen zu können. Abb. 30 zeigt ein derartiges Zeichenmodell, das in der routinemäßigen Wetteranalyse verwendet wird. Als praktisches Beispiel sind die Messungen aus dem 250 mb-Niveau der Radiosondenstation von Green Bay (Wisconsin) vom 19. April 1963, in Abb. 31 gezeigt. Die Windrichtung ist durch die Richtung angegeben, in welcher der „Pfeil" fliegt, wobei der kleine Kreis die geographische Lage der Radiosondenstation auf der Karte anmerkt. Die Windgeschwindigkeit wird durch die „Federn" im Schwanz des Pfeiles symbolisiert: ein schwarzes Dreieck für je 50 Knoten, ein langer Strich für je 10 Knoten und ein kurzer Strich für je 5 Knoten. Das Beispiel in Abb. 30 zeigt somit 75 Knoten an, die in Abb. 31 gezeigte Windgeschwindigkeit beträgt 55 Knoten.

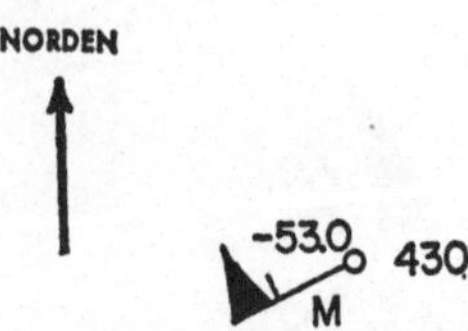

Abb. 31. Diese Eintragung auf einer 250 mb-Karte zeigt einen Südwestwind von 55 Knoten, wie er über Green Bay (Wisconsin) am 19. April 1963 gemessen wurde. Die Feuchtigkeit fiel aus

Angaben über Temperatur und Höhe der entsprechenden Fläche konstanten Druckes (in unserem Fall die 250 mb-Fläche) werden neben dem Stationskreis numerisch eingetragen. Da die Zahl für die Höhe, ausgedrückt in Fuß oder Metern, unter Umständen ziemlich lang sein kann, und daher verhältnismäßig viel Platz auf einer kleinen Karte beanspruchen würde, läßt man für gewöhnlich die erste und letzte Ziffer aus. Die letzte Ziffer kann vernachlässigt werden, da die Höhenmessungen in der Regel nur bis zu 10 Fuß oder 10 m genau sind. Es hätte daher wenig Zweck, die Einerstellen in der Höhenangabe einzutragen. Die Zahl, die die Zehntausender angibt, kann ebenfalls in der Eintragung ausgelassen werden, da die Höhe einer konstanten Druckfläche sich um einen derartigen großen Betrag nicht einmal zwischen Äquator und Pol ändert. Ein geübter Meteorologe kann daher genau erraten, welche Zahl ausgelassen wurde. Im Falle der 250 mb-Fläche z. B. wissen wir, daß sie in der Nähe von 10,5 km liegt. Lassen wir daher die erste Ziffer „1" aus, ersparen wir uns dadurch Platz bei der Eintragung in der Karte, und die Genauigkeit der Meldung erleidet dadurch keinen Schaden.

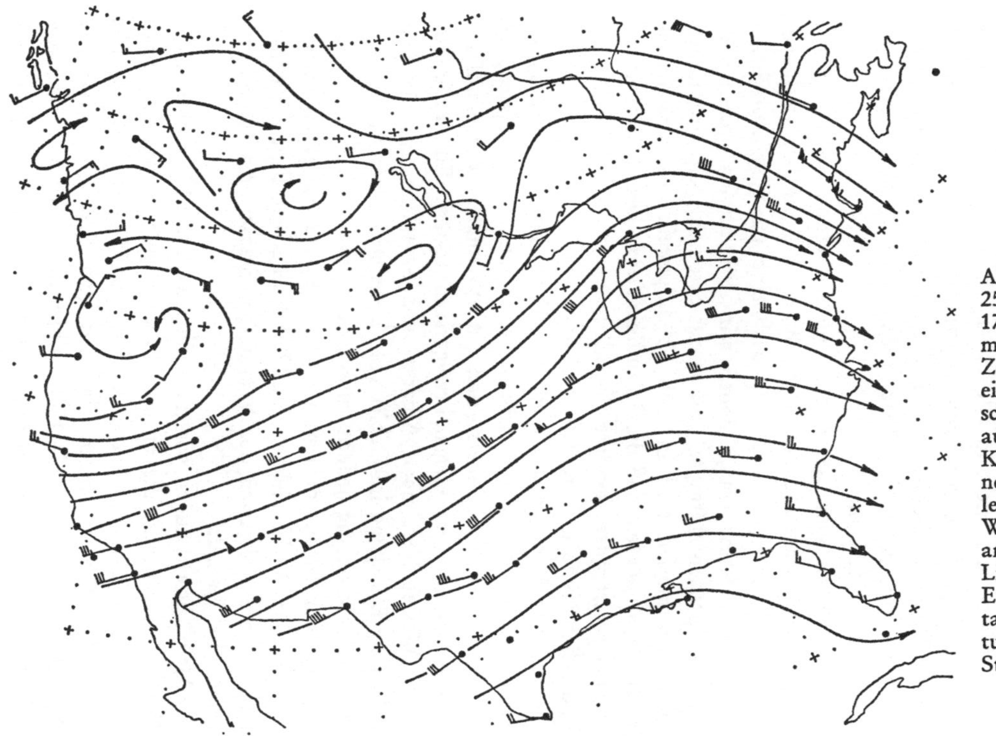

Abb. 32. Karte der 250 mb-Fläche am 17. April 1963 um 0 Uhr mittlere Greenwicher Zeit. Die in Abb. 31 eingetragenen numerischen Werte wurden hier ausgelassen, um die Karte im stark verkleinerten Maßstab noch leserlich zu erhalten. Winde sind durch Pfeile angedeutet. Die langen Linien mit Pfeilen an den Enden verlaufen überall tangential zur Windrichtung und stellen somit Stromlinien dar

Alle diese Daten, z. B. für den 17. April 1963, 0 GMT, können nun in einer Karte von Nordamerika vereint werden. In Abb. 32 wurden nur die Windpfeile gezeichnet. Meldungen der Temperatur und Höhe wurden ausgelassen, um die verhältnismäßig kleine Karte nicht zu überladen. Was nun? Sehen wir uns diese Karte näher an, so bemerken wir, daß die Windpfeile eine Tendenz haben, sich in einer gewissen Strömungsrichtung zu orientieren. Sie streuen nicht in alle Himmelsrichtungen, sondern zeigen deutlich die Existenz von „Luftflüssen" an, sowie die Lage großer Wirbel zu beiden Seiten dieser Ströme. Diese Windpfeile geben gewissermaßen ein „Blitzlichtfoto" der Luftbewegungen auf der 250 mb-Fläche an.

Wir können nun den ersten und leichtesten Schritt unserer Analyse ausführen: Indem wir annehmen, daß die eingezeichneten Windrichtungen repräsentativ für das Gebiet um die entsprechende Radiosondenstation sind, können wir „Stromlinien" parallel zu den Windpfeilen eintragen und so das Strömungsfeld einzeichnen. Diese Stromlinien sind in Abb. 32 dargestellt. Es muß darauf hingewiesen werden, daß die Stromlinien *nicht* benachbarte Radiostationen verbinden, sondern überall *tangential* zur Windrichtung in den betreffenden Stationen verlaufen.

Aus dem Stromlinienfeld in Abb. 32 ersehen wir einen *zyklonalen* Wirbel über den nordwestlichen Vereinigten Staaten. Sie werden sich daran erinnern, daß ein zyklonaler Wirbel auf der Nordhemisphäre im Gegenuhrzeigersinn rotiert. Ein *antizyklonarer* Wirbel liegt über Alberta und Saskatchewan. Da man zyklonale Bewegung im Gebiet von Tiefdruckzentren findet, antizyklonale Strömung jedoch rings um Hochdruckgebiete, können wir aus der Stromlinienanalyse unmittelbare Schlußfolgerungen auf das Druckfeld ziehen: Ein Tiefdruckgebiet liegt über dem pazifischen Nordwesten der Vereinigten Staaten, ein Hochdruckgebiet über Kanada.

Als nächstes können wir die Höhe der 250 mb-Fläche aus den Werten analysieren, die an jeder Radiosondenstation angegeben sind. Eine derartige Analyse ist in Abb. 33 gezeigt. Im Gebiet von südwestlichen Winden, das sich quer über die Vereinigten Staaten erstreckt, sind die Höhenschichtlinien der 350 mb-Fläche nahezu parallel zu den Stromlinien in Abb. 32 angeordnet. Dies

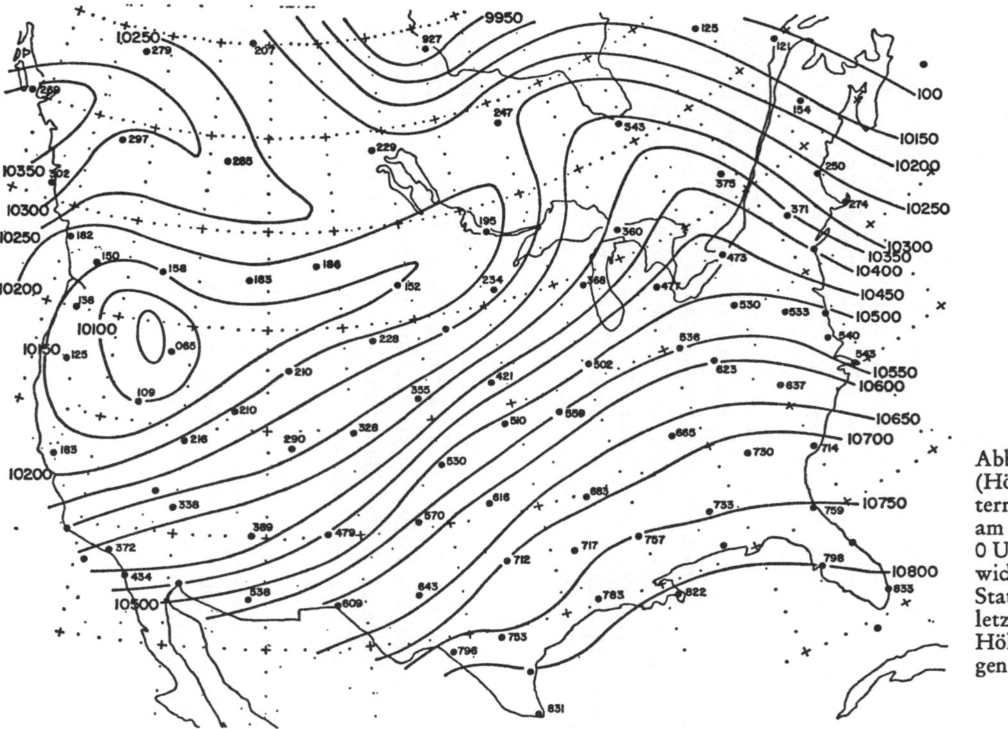

Abb. 33. Konturlinien (Höhenangaben in Metern) der 250 mb-Fläche am 17. April 1963 um 0 Uhr mittlere Greenwicher Zeit. An den Stationen sind nur die letzten drei Stellen der Höhenangaben eingetragen

zeigt an, daß der Wind nahezu *geostrophisch* [1] ist: Die ablenkende Kraft der Erdrotation (welche wir noch näher in Kapitel V kennenlernen werden) hindert die Luftströmung daran, direkt vom Hochdruck- zum Tiefdruckgebiet zu eilen und zwingt sie auf der Nordhemisphäre nach rechts hin auszuweichen. Ihre Wißbegierde, die nach der Ursache dieses Phänomens fragt, wird noch später in diesem Buch befriedigt werden. Für jetzt wollen wir lediglich die Tatsache akzeptieren, indem wir Abb. 32 mit 33 vergleichen.

Einige Bemerkungen darüber, wie wir diese Konturlinienanalyse erhalten haben, sind angebracht. Das Verfahren ist äußerst einfach: Die Höhenwerte der 250 mb-Isobarenfläche [2], die in jedem Stationspunkt eingetragen sind (Abb. 33), werden für 100 m-Intervalle interpoliert. Wir zeichnen für diese 100 m-Konturlinienintervalle geglättete Linien. Auf diese Weise erhalten wir eine geographische Karte, welche das „Relief" der 200 mb-Fläche wiedergibt, so ähnlich wie eine Konturenkarte der Alpen das Relief des Gebirges zeigen würde. Im Bereich antizyklonaler Strömung zeigen die Konturlinien hohe Werte, im Bereich von zyklonaler Strömung dagegen sind sie durch niedrige Werte gekennzeichnet. Anstatt eine Isobarenfläche durch Konturlinien darzustellen, könnten wir Isobaren auf einer Fläche konstanter Höhen (angenommen z. B. die 10,5 km-Fläche) zeichnen. Im zyklonalen Wirbel über den nordwestlichen Vereinigten Staaten würde in diesem Fall die 250 mb-Fläche *unter* dieses Höhenniveau fallen. Daher wäre der Druck im Höhenniveau 10,5 km niedriger als 250 mb. Im antizyklonalen Wirbel über dem Golf von Mexiko z. B. liegt die 250 mb-Fläche *oberhalb* des 10,5 km-Niveaus. Der Druck bei 10,5 km würde daher dort mehr als 250 mb betragen. Wir nennen daher die „Vertiefungen" oder „Täler" in unserer 250 mb-Konturenanalyse *Tiefdruckgebiete* und die „Berge" oder „Höhenrücken" bezeichnen wir als *Hochdruckgebiete*, geradeso als hätten wir den Luftdruck und nicht die Höhenkonturen analysiert.

Damit ist der Augenblick für unsere Suche nach dem Jet-Stream gekommen. Von den kleinen Fähnchen an den Windpfei-

---

1 Vom Griechischen geo = Erde; strophein = ablenken.
2 Aus dem Griechischen isos = gleich; baros = Gewicht.

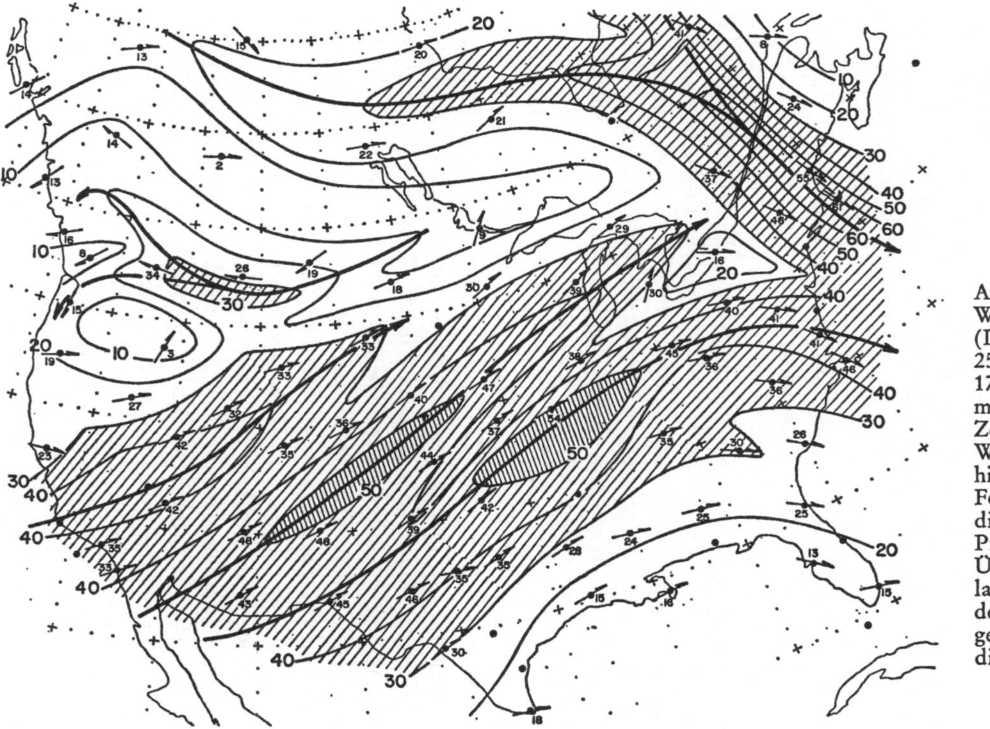

Abb. 34. Linien gleicher Windgeschwindigkeit (Isotachen) auf der 250 mb-Fläche am 17. April 1963 um 0 Uhr mittlere Greenwicher Zeit. Die Pfeile für die Windrichtung wurden hier in etwas anderer Form eingetragen und die „Federn" an den Pfeilen wurden der Übersicht halber ausgelassen. Die Ziffern an den einzelnen Stationen geben die Windgeschwindigkeit in m/sec an

len der Abb. 32 erhalten wir einen Hinweis auf die Windgeschwindigkeit. Wir können nunmehr Linien gleicher Windgeschwindigkeit — die sog. Isotachen[3] — eintragen, indem wir zwischen den Geschwindigkeitswerten, die an den einzelnen Stationen eingetragen sind, interpolieren. Dies ist in Abb. 34 gezeigt, in der wir die ersten Spuren des Jet-Stream in der Gestalt von elongierten Streifen hoher Geschwindigkeit quer über dem Kontinent liegen sehen. (Gemäß der Definition der *World Meteorological Organization* können wir die Gebiete mit Windgeschwindigkeiten höher als 60 Knoten oder 30 m/sec als „Jet-Stream" betrachten. Gebiete, die dieser Qualifikation entsprechen, wurden durch Schraffierung gekennzeichnet.)

Vergleichen wir die einzelnen Analysen, die wir bisher anfertigten, miteinander, so können wir bereits einige äußerst interessante und wichtige Schlußfolgerungen ziehen, die die Basis für eine Meteorologie der Strahlströme darstellen. Zunächst einmal sehen wir, daß der Jet-Stream nicht ein einheitliches Band hoher Windgeschwindigkeiten ist, das sich in gleichmäßiger Anordnung von Westen nach Osten erstrecken würde. Wir bemerken z. B. den Zweig hoher Windgeschwindigkeiten, der aus dem nördlichen Kanada kommt und sich mit dem Hauptstrom über der Küste Neuenglands verbindet. Selbst dieser Hauptstrom ist in etliche Zweige unterteilt. Die Vorstellung der Wissenschaftler, die kurz nach Ende des zweiten Weltkrieges den Berichten der Flugzeugpiloten auf die Spur gingen und daraus ein einfaches und unkompliziertes „Modell" der atmosphärischen Zirkulation anfertigten, müssen wir somit zum alten Gerümpel stellen. So wie in vielen anderen Gebieten der Physik und Meteorologie, entdecken wir, daß es mehr Dinge zwischen Himmel und Erde gibt, als unsere Schulweisheit sich träumen läßt. Die Natur, so scheint es, hat eine gespaltene Persönlichkeit. Einerseits verblüfft sie uns in entwaffnender Einfachheit, indem sie sich in etliche kurze mathematische Gleichungen zwängen läßt. Andererseits jedoch fordert sie unsere Vorstellungskräfte mit einer wahrhaft unendlichen Vielzahl von Details heraus, die weit jenseits des Fassungsvermögens selbst der modernsten Elektronenrechenanlagen liegen. Zwischen diesen Polen

---

3 Aus dem Griechischen isos = gleich; tachos = Geschwindigkeit.

der Einfachheit und der Vielzahl ist der forschende Geist des Menschen gefangen: Was immer er tun mag, und was immer er erfinden wird, die Natur ist stets bereit, ihm eine Lektion in Bescheidenheit zu erteilen.

Einige weitere Tatsachen können wir aus unseren Analysen ersehen: Die Windgeschwindigkeiten sind dort höher, wo die Konturlinien enger gedrängt liegen und dadurch eine steilere Neigung vom „Gebirge" des Hochdruckgebietes zum „Tal" des Tiefdruckgebietes aufweisen. Dieses Charakteristikum wird wiederum durch die ablenkende Kraft der Erdrotation hervorgerufen, über die wir später noch Details kennenlernen werden. Weiter sehen wir, daß die Luftbewegungen nicht parallel zueinander verlaufen. Die Stromlinien deuten Gebiete an, in denen die Strömung konvergiert, andere Gebiete, in denen sie divergiert. Zusammen mit den Beschleunigungen und Verzögerungen, denen die Luft unterliegt, während sie durch das Jet-Maximum (d. h. das Zentrum höchster Windgeschwindigkeit entlang der Jet-Achse) passiert, wirken derartige Konvergenzen und Divergenzen in der Strömung dahin, daß Luft aus dem 250 mb-Niveau verdrängt und in andere Niveaus gedrückt wird, oder daß Luftmassen aus diesen benachbarten Schichten ober- und unterhalb des 250 mb-Niveaus in diese Isobarenfläche hineingesaugt werden. Mit anderen Worten, die in Abb. 34 dargestellten Luftmassen werden nicht immer im 250 mb-Niveau liegenbleiben. Sie werden mit anderen Druckniveaus und mit den Strömungen in diesen Schichten zusammenspielen. Dieses Zusammenspiel wird durch vertikale Luftbewegungen verursacht. Es sind gerade diese Vertikalbewegungen, welche die Wetterwirksamkeit des Jet-Stream hervorrufen. Wie und warum dies geschieht, kann Ihrer berechtigten Neugierde erst in einem späteren Kapitel mitgeteilt werden. Wir sind noch nicht ganz so weit, um diese etwas komplizierten Verhältnisse zu erläutern.

Es bleibt nunmehr noch eine Analyse anzufertigen. Wir haben bisher die Temperaturen außer acht gelassen, die in jeder Radiosondenstation eingetragen wurden. Abb. 35 zeigt eine Karte der Isothermen [4], die wir zeichnen können, indem wir die Temperaturwerte, die an den einzelnen Radiosondenstationen im 250 mb-

---

4 Aus dem Griechischen isos = gleich; therme = Wärme.

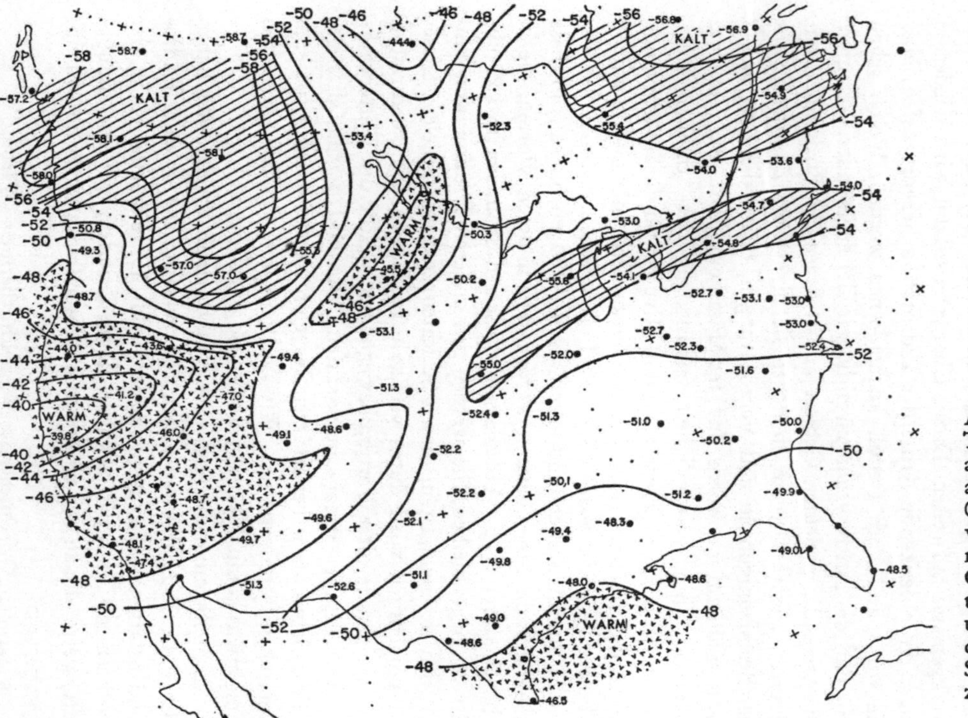

Abb. 35. Linien gleicher Temperatur (Isothermen) auf der 250 mb-Fläche am 17. April 1963 um 0 Uhr mittlere Greenwicher Zeit. Temperatureintragungen in Celsiusgraden, auf Zehntelgrad genau. Warme und kalte Gebiete sind durch verschiedene Schraffierung gekennzeichnet

Niveau beobachtet wurden, interpolieren. Isothermen wurden für 2 °C-Intervalle analysiert. Die in Abb. 35 ersichtliche Temperaturverteilung sieht merkwürdig aus. Wir finden keinen von Süd nach Nord gerichteten Temperaturgradient mehr, ausgenommen über den südlichen Vereinigten Staaten. In der Nähe der Strahlstrombänder und nördlich davon, nimmt die Temperatur sogar mit der geographischen Breite zu. Aus der in Kapitel VI gegebenen Diskussion werden wir ersehen, daß eine derartige Temperaturverteilung charakteristisch für die Stratosphäre ist. Wir können also daraus schließen, daß das 250 mb-Niveau über den südlichen Vereinigten Staaten in der Troposphäre liegt, im Bereich des Jet-Stream jedoch in die Stratosphäre überwechselt und nördlich des Strahlstroms endgültig in der Stratosphäre verbleibt.

Besonders hohe Temperaturen finden wir nördlich des Strahlstrommaximums. Wie wir später noch sehen werden, liegt die Tropopause in diesem Gebiet besonders niedrig. Manche Meteorologen sprechen vom sog. „Tropopausentrichter", der in Verbindung mit Jet-Maxima steht. Dieses Phänomen wird durch Absinkbewegungen in der Atmosphäre, die ebenfalls vom Jet-Stream abhängen, verursacht. Derartige Vertikalbewegungen haben einen großen Einfluß auf das Wettergeschehen. Weitere Details werden wir in Kapitel VII behandeln.

Da wir nun die Analyse für einen Satz von synoptischen Beobachtungen abgeschlossen haben, können wir uns von nun an die Aufgabe etwas leichter machen und die vorgefertigten Analysen des Wetterbureaus in Kauf nehmen. Abb. 36 und 37 zeigen Isotachenkarten für den 18. und 19. April um 0 Uhr GMT. Vergleichen wir diese Karten mit Abb. 34, so können wir auf das Verhalten des Strahlstroms während einer 48stündigen Periode schließen.

Die folgenden Tatsachen können wir aus diesen Karten entnehmen: Der Strahlstrom bleibt nicht stationär im Raume liegen, sonden er bewegt sich über den Kontinent hin. Das Strahlstromsystem wandert langsam von Westen nach Osten, ebenso die einzelnen Strahlstrommaxima. Letztere zeigen eine allgemeine Tendenz, sich entlang der *Strahlstromachse* fortzubewegen, welche durch dicke Linien mit Pfeilen gekennzeichnet wurde. Die Strahlstromachse stellt die Achse stärksten Windes in der Richtung der

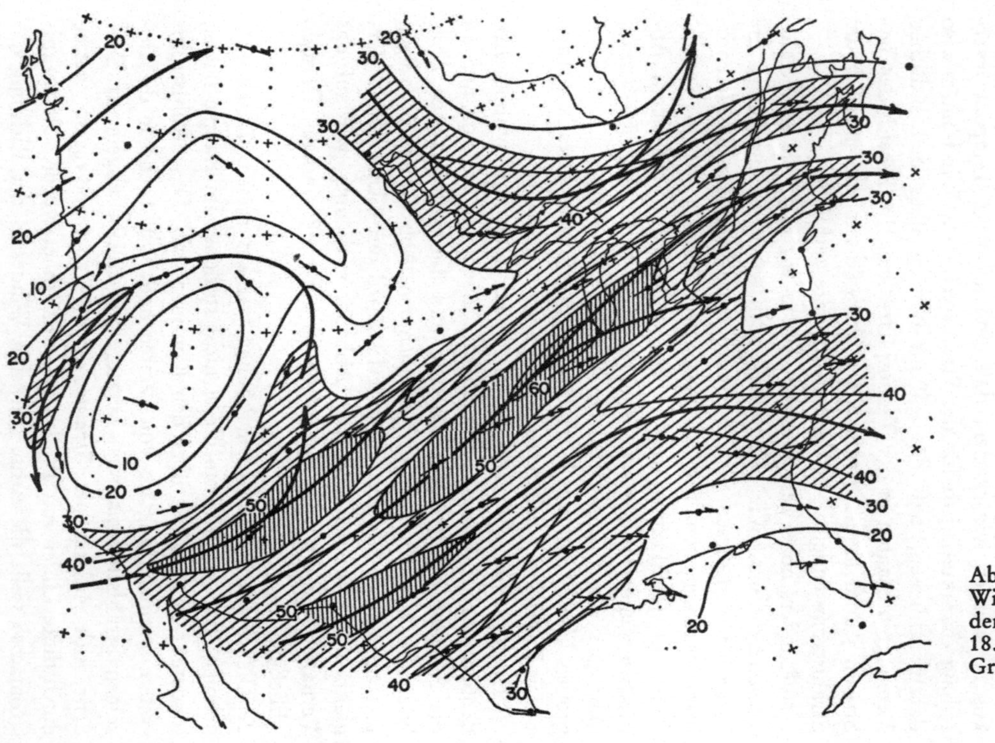

Abb. 36. Isotachen und Windrichtungspfeile auf der 250 mb-Fläche am 18. April 1963, 0 Uhr Greenwicher Zeit

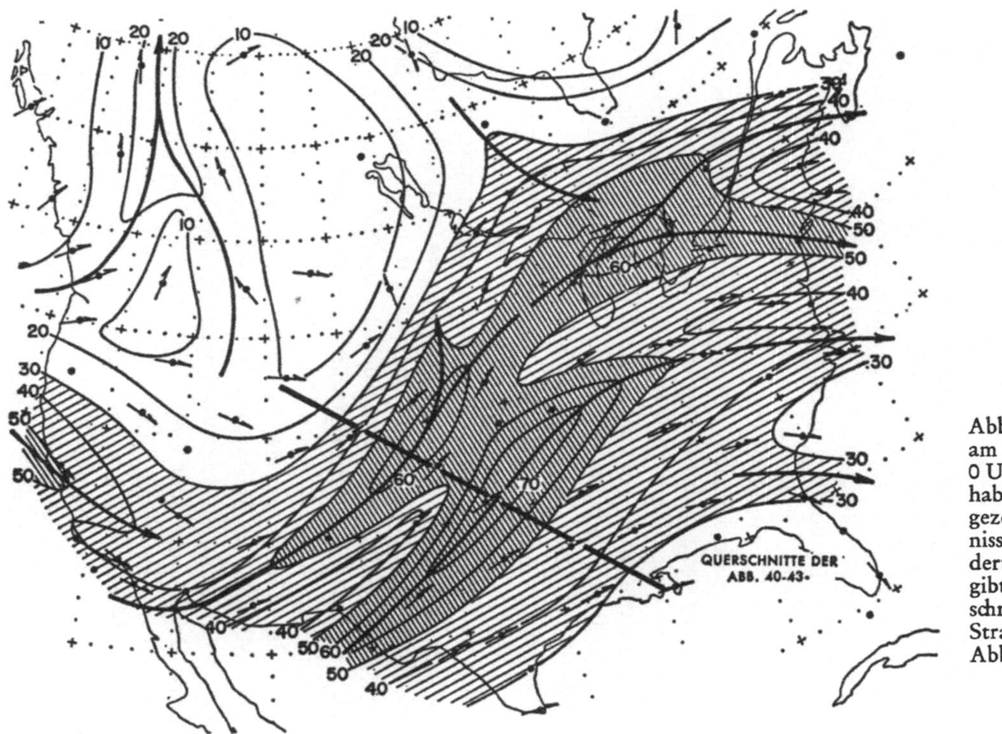

Abb. 37. 24 Std später, am 19. April 1963 um 0 Uhr Greenwicher Zeit haben sich die in Abb. 36 gezeigten Windverhältnisse weiterhin verändert. Die dicke Linie gibt die Lage des Querschnittes durch den Strahlstrom an, der in Abb. 40 gezeigt wird

Strömung dar. Die Jet-Achsen selbst zeigen ebenfalls eine langsame Fortbewegung. Dies wird an Hand des folgenden Beispieles deutlich: am 17. April (Abb. 34) zeigte sich über dem Staate Nevada ein kleines Windmaximum mit 40 m/sec. Am 18. April haben die Winde in diesem Maximum bereits auf 50 m/sec zugenommen und das Geschwindigkeitszentrum liegt nunmehr über dem Staate Colorado. Am 19. April vereinigte sich das Jet-Maximum mit der Hauptströmung über dem Gebiet der Großen Seen. Eine Fortpflanzungsgeschwindigkeit von ungefähr 10 Längengraden pro Tag gegen Osten hin kann für das Wandern dieser kleinen Jet-Maxima als charakteristisch angesehen werden. Das Jet-Maximum, welches am 18. April über der mexikanischen Grenze erscheint und sich in die Vereinigten Staaten hinüberwindet, deutet eine ähnliche Fortpflanzungsgeschwindigkeit an. Wir finden es am 19. April über Oklahoma.

Eine Geschwindigkeit von 10 Längengraden pro Tag entspricht in mittleren geographischen Breiten einer Geschwindigkeit von etwa 20 Knoten oder 10 m/sec. Wandert ein Jet-Maximum mit einer durchschnittlichen Geschwindigkeit von 10 m/sec, beträgt jedoch die Windgeschwindigkeit im Maximum selbst an die 60 oder 70 m/sec, so folgt daraus offensichtlich, daß die Luft sich stark beschleunigen muß, wenn sie in das Jet-Maximum von rückwärts her einströmt. Auf der Vorderseite des Jet-Maximums dagegen finden starke Verzögerungen in der Luftbewegung statt. Wir könnten also ein Jet-Maximum gewissermaßen mit einem riesigen Dudelsack vergleichen. Die Luft tritt mit beschleunigter Bewegung in die Pfeife ein, während der Dudelsackbläser seine Melodie spielt. Gleichzeitig jedoch marschiert der Bläser samt seiner Pfeife langsam weiter.

In den Abbildungen 34, 36 und 37 sehen wir weiterhin etliche große Mäander im Strahlstrom. Ein Rücken hohen Druckes liegt über dem Mittelwesten der Vereinigten Staaten, während ein Trog tiefen Druckes über der Gegend von Neufundland in der Nähe der Ostküste der Vereinigten Staaten verharrt. Betrachten wir die gesamte Nordhemisphäre, so finden wir eine Folge derartiger Tröge und Rücken (Abb. 38). Etliche dieser Tröge und Rücken sind relativ kurz und bewegen sich mit einer Geschwindigkeit von etwa 20 Knoten ostwärts. Andere dagegen sind verhältnismäßig flach und breit und scheinen sich kaum fortzubewegen. Diese bezeichnen wir als quasi-stationäre Langwellentröge und -rücken. Sie scheinen in starkem Maße von der Verteilung großer Gebirgszüge, wie etwa des Himalaya oder der Rocky Mountains, abzuhängen. Die wandernden Kurzwellentröge und -rücken andererseits sind mit Jet-Maxima verknüpft, so wie wir sie in Abb. 34, 36 und 37 kennengelernt haben. Diese verursachen die Veränderungen im Wetter, die wir von Tag zu Tag feststellen. Bevor wir uns

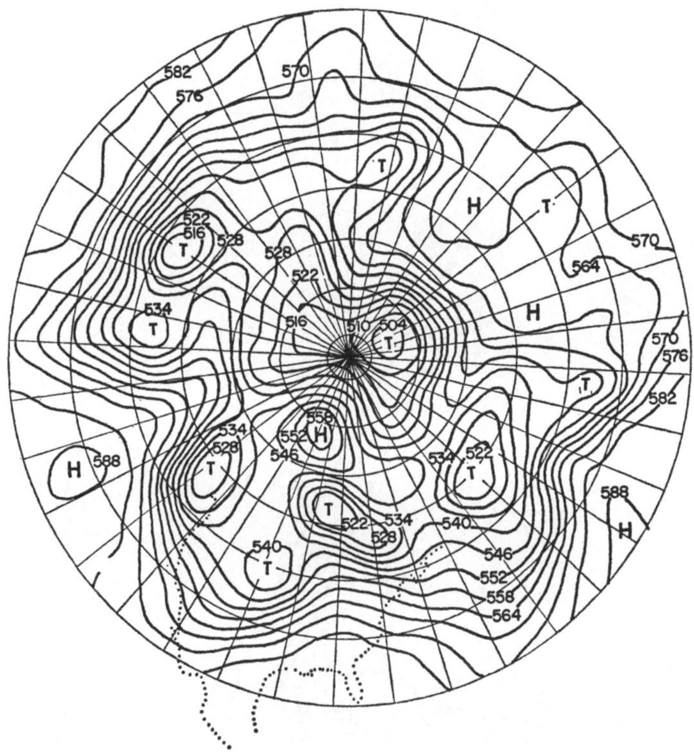

Abb. 38. Dichte Drängung der Konturlinien auf der 500 mb-Fläche vom 19. April 1963 deutet hohe Windgeschwindigkeiten an. Die Konturhöhen sind in Dekametern beziffert. Die Lage des Strahlstrombandes in mittleren geographischen Breiten, das sich quer über Asien, den Pazifik und die Vereinigten Staaten schlängelt, kann dieser Abbildung entnommen werden

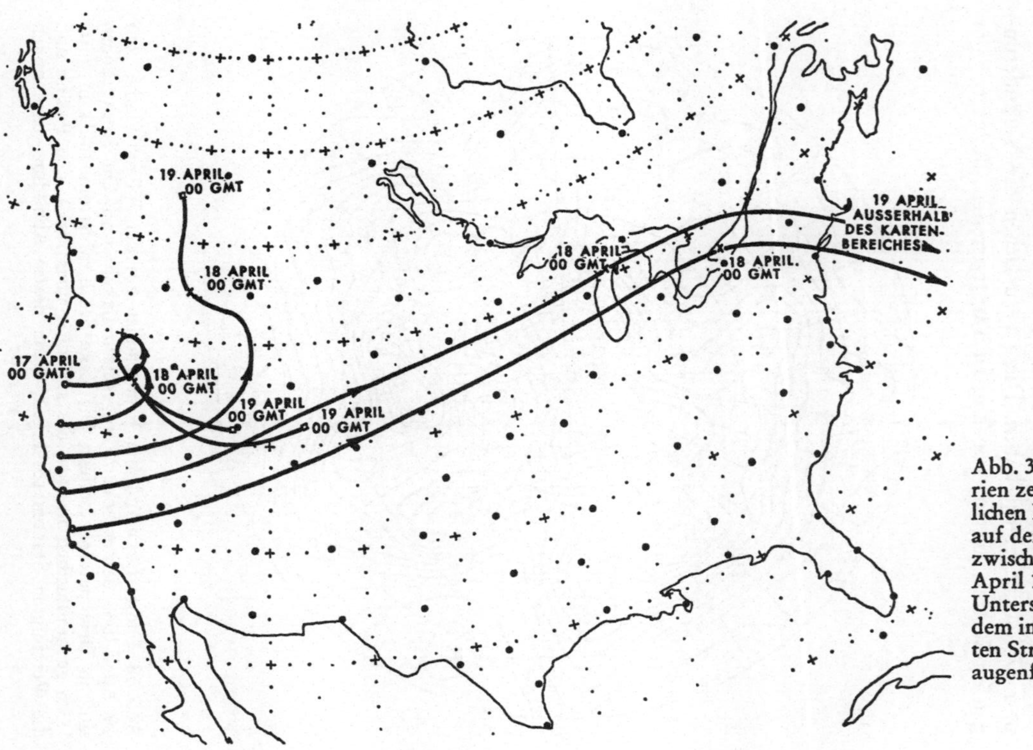

Abb. 39. Die Trajektorien zeigen die tatsächlichen Luftbewegungen auf der 250 mb-Fläche zwischen 17. und 19. April 1963 an. Der Unterschied gegenüber dem in Abb. 32 gezeigten Stromlinienfeld ist augenfällig

jedoch weiter auf die Diskussion dieser Probleme einlassen, wollen wir noch etliche weitere Gesichtspunkte näher behandeln.

Wir stellten vorhin fest, daß eine Stromlinienanalyse gewissermaßen ein Blitzlichtfoto des augenblicklichen Zustands der Strömung darstellt. Obwohl wir dies nicht getan haben, könnten wir uns sehr leicht Stromlinienkarten für den 18. und 19. April herstellen. Wir würden daraus wiederum augenblickliche Strömungsbilder erhalten, die alle voneinander verschieden sind. Wären alle 3 Strömungsbilder für den 17., 18. und 19. April identisch, so würde dies bedeuten, daß sich die Strömungsverhältnisse im Strahlstromniveau mit der Zeit nicht verändern. In diesem Falle würden die Stromlinien die tatsächlichen Verlagerungen der Luftmassen andeuten. Dies ist jedoch offensichtlich nicht der Fall. Die Strömungsverhältnisse ändern sich langsam von Tag zu Tag. Während die Luftmassen versuchen, sich mit den Stromlinien, die wir für den 17. April angedeutet haben, mitzubewegen, wird die Luft von den etwas verschiedenen Strömungsverhältnissen des 18. April eingefangen usw. Wir wollen annehmen, daß es uns möglich sei, einen kleinen farbigen Punkt an einem Luftpaket anzubringen, und diesem Paket dann auf seiner Reise von Tag zu Tag zu folgen. Wir würden feststellen, daß die Luft nicht dem Stromlinienfeld folgt. Die Diskrepanz zwischen Stromlinien und tatsächlicher Luftmassenverlagerung wird um so größer, je geringer die Windgeschwindigkeit im Vergleich zur Geschwindigkeit der Verlagerung des Stromlinienfeldes ist und je größer die Differenz zwischen Windrichtung und der Richtung der Verlagerung der Jet-Maxima ist. Wir nennen diese Linien, entlang welcher sich die Luftpakete tatsächlich bewegen, die *Trajektorien*. Ein Beispiel dafür ist in Abb. 39 angeführt.

Die Trajektorien von Luftmassen zu berechnen, ist eine zeitraubende Angelegenheit. In erster Annährung können wir von der Annahme ausgehen, daß ein Luftpaket, welches sich am 17. April um 0 Uhr GMT auf der 250 mb-Fläche befindet, dem Stromlinienfeld auf dieser Fläche für die nächsten 6 Std folgt. Nach diesem Zeitpunkt wird sich das Luftmassenpaket mit den Stromlinien des 17. April, 12 Uhr GMT, für die nächsten 12 Std bewegen, mit den Stromlinien des 18. April, 0 Uhr GMT, für die darauffolgenden 12 Std usw. Offensichtlich ist diese Methode der

Trajektorienkonstruktion sehr grob, denn die Strömungsverhältnisse ändern sich nicht plötzlich um Mitternacht oder Mittag, sondern ganz allmählich während des Verlaufs des Tages. Überdies
wird das betrachtete Luftmassenpaket nicht während der ganzen
Zeit auf der 250 mb-Fläche verharren, sondern es kann Vertikalbewegungen unterliegen, welche es von dieser Fläche hinwegtragen
und unter den Einfluß eines verschiedenen Windregimes bringen.
Eine Verfeinerung der Trajektorienberechnung, welche alle diese
Möglichkeiten mit in Betracht zieht, kann u. U. ziemlich kompliziert werden. Immerhin können wir jedoch mit der groben Methode, die wir oben angeführt haben, zu einer ungefähren Abschätzung großräumiger Luftbewegungen kommen.

Die Kenntnis dieser Luftbewegungen kann u. U. von großer Bedeutung sein. Wir könnten uns z. B. vorstellen, daß durch
einen Unfall ein atomares Kraftwerk beschädigt wird und
gesundheitsschädliche Abfallprodukte in die Luft schleudert. Es
obliegt den Meteorologen herauszufinden, wohin diese vergifteten
Luftmassen ziehen werden. Werden sie dichtbevölkerte Gebiete
treffen? Werden sie in einen Nachbarstaat abwandern? Um diese
Fragen zu beantworten, müssen genaue Trajektorienanalysen und
Vorhersagen erstellt werden.

Ein Schnitt durch den Strahlstrom

Im vorangehenden Abschnitt entwickelten wir ein Bild des
Strohlstromes auf einer quasihorizontalen Ebene, die sich zwischen
den x- und y-Koordinaten ausstreckt. Wie steht es jedoch mit der
vertikalen Struktur des Jet-Stream? Um davon ein anschauliches
Bild zu erhalten, verwenden die Meteorologen den sog. *Querschnitt*
als analytisches Werkzeug. Querschnitte lassen sich äußerst einfach
konstruieren.

Bevor wir beginnen, müssen wir uns jedoch folgendes vor
Augen halten: Im Vergleich zu der charakteristischen horizontalen
Erstreckung des Jet-Stream (Abb. 34) ist die Atmosphäre nur eine
dünne „Haut", welche die Erde umgibt. Ein Querschnitt durch
den Strahlstrom muß sich etwa 1500 km in der Richtung normal
zur Strömung erstrecken, falls wir alle charakteristischen, horizon-

talen Windscherungen erfassen wollen. Die Tropopause jedoch ist in einer Höhe von etwa 10 km gegeben, das ist also weniger als 1⁰/₀ der horizontalen Distanz, die von unserem Querschnitt erfaßt wird. Würden wir für die Konstruktion unseres Querschnittes ein Stück Millimeterpapier, das etwa 20 cm breit ist, verwenden, so läge der Strahlstrom, den wir normalerweise in der Nähe der Tropopause finden, etwa 2 mm über der Grundlinie, welche die Erdoberfläche darstellt. Wollten wir die Strömungsverhältnisse und die Temperaturstruktur in der Troposphäre in einem derartigen Diagramm analysieren, so würden wir dazu ein Vergrößerungsglas und einen äußerst scharfen Bleistift benötigen, und selbst dann könnten wir diese Aufgabe nicht bewältigen. Sollte eine Querschnittanalyse der Atmosphäre sinnvoll sein, so müssen wir offensichtlich den vertikalen Maßstab gewaltig überhöhen und ihn gegenüber dem horizontalen Maßstab etwa 50fach vergrößern.

Bei der Konstruktion eines Querschnittes beginnen wir damit, eine Linie in die Isobarenkarte einzutragen, die etwa senkrecht zur Richtung der Höhenströmung verläuft und möglichst nahe an möglichst vielen Radiosondenstationen vorbeiführt (siehe Abb. 37). Die relative Entfernung zwischen diesen Radiosondenstationen entlang dieser Querschnittlinie wird dann (mit einem entsprechenden Maßstabfaktor) entlang der Grundlinie des Querschnittdiagrammes eingetragen (Abb. 40) [5]. Die vertikale Koordinate in diesem Diagramm enthält den Luftdruck, der exponentiell mit der Höhe abnimmt, so wie er dies unter mittleren atmosphärischen Verhältnissen tun würde. Die Höhe in Kilometern oder Metern kann ebenfalls entlang der Ordinate angegeben werden. Wir müssen uns jedoch vor Augen halten, daß diese Höhenskala nur für *mittlere* (oder Standard-)Bedingungen gilt. Ist die *wirkliche* Atmosphäre kälter oder wärmer als die mittlere Atmosphäre, so werden die *tatsächlichen* Höhenwerte eine Diskrepanz gegenüber den Zahlenwerten aufweisen, die entlang des Randes unseres Querschnittes gedruckt sind. Dem Flugzeugführer sind diese Diskrepanzen als *Höhenmesserkorrektur* bekannt. Sie sagen ihm, um wie viel die Ablesungen seines Höhenmessers von der tatsächlichen Flughöhe

---

5 In unserem Beispiel benützen wir eine Kette von Stationen, die von Lander (Wyoming) bis Peoria (Illinois) verläuft.

abweicht, in welcher sich sein Flugzeug befindet. Da die Meteorologen gewohnt sind ihre Querschnitte in bezug auf ein Druckkoordinatensystem zu konstruieren, wollen wir die Höhen über dem Meeresniveau außer Acht lassen und uns nicht länger mit der Altimeterkorrektur befassen.

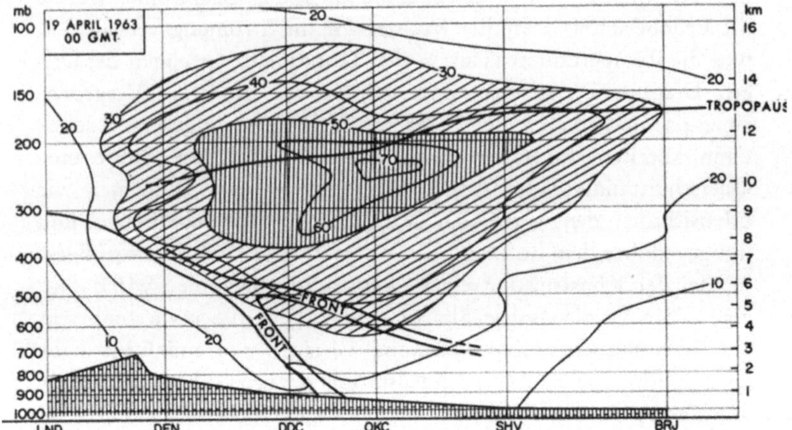

Abb. 40. Querschnitt durch die Atmosphäre entlang der in Abb. 37 eingetragenen, dicken Linie. Isotachen sind in m/sec angegeben, wobei verschiedene Schraffierung Gebiete mit Geschwindigkeiten über 30 und 50 m/sec kennzeichnet. Die Schraffierung entlang der unteren Grenze der Abbildung bedeutet die Bodenerhebung entlang der Linie Lander (Wyoming) (LND), Denver (DEN), Dodge City (DDC), Oklahoma City (OKC), Shreveport (SHV) und Burrwood (Louisiana) (BRJ). Dicke Linien markieren die Grenzen der Frontalzonen und die Tropopause

Nachdem wir die Lage der Radiosondenstationen entlang der Grundlinie unseres Querschnittdiagrammes festgelegt haben, können wir entlang vertikaler Linien über jeder Radiosondenstation die numerischen Werte für Windgeschwindigkeit, Windrichtung, Temperatur und Feuchtigkeit in den entsprechenden Druckniveaus eintragen, in welchen diese Werte gemessen wurden. Alles was uns noch zu tun übrig bleibt ist, diese Werte durch Interpolation zwischen den einzelnen Stationen zu analysieren. In Abb. 40 wurden Isotachen (Linien gleicher Windgeschwindigkeit) für je 5 m/sec-

Intervalle eingezeichnet. Abb. 41 zeigt Isogonen [6] (Linien gleicher Windrichtung) für je 10° der Windrichtung. Isothermen (Linien gleicher Temperatur) wurden für je 5 °C in Abb. 42 gezeichnet.

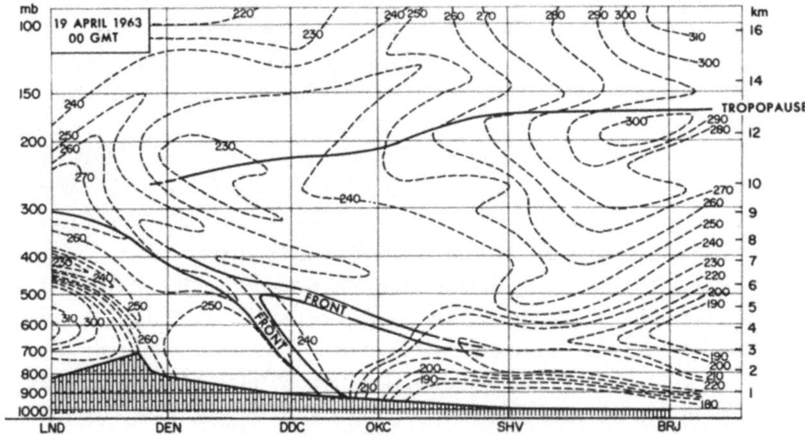

Abb. 41. Linien gleicher Windrichtung (Isogonen, in Graden markiert) entlang des in Abb. 40 gezeigten Querschnittes

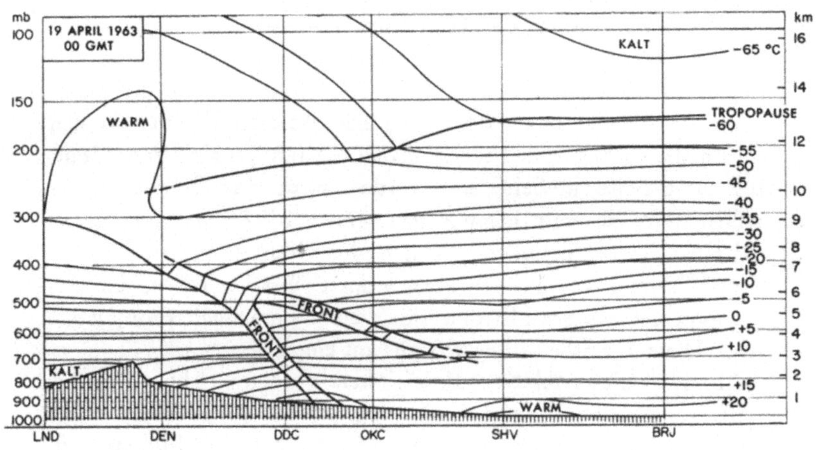

Abb. 42. Isothermen in Celsiusgraden entlang des in Abb. 40 gezeigten Querschnittes

6 Aus dem Griechischen isos = gleich; gonia = Winkel.

7*

Wir wollen nun diese Diagramme miteinander vergleichen. Der *Kern* des Strahlstroms kann leicht identifiziert werden. Windgeschwindigkeiten mit mehr als 70 m/sec werden in der Nähe des 250 mb-Niveaus über Oklahoma City gefunden, in guter Übereinstimmung mit der horizontalen Karte, die in Abb. 37 dargestellt wurde. Die drei Strahlstrombänder oder „Finger" welche auf der 250 mb-Karte in Erscheinung traten, sind im Querschnitt ebenfalls schwach angedeutet.

Die in Abb. 41 gezeigten Isogonen geben uns einen Hinweis auf Gebiete, in denen die Windrichtung mit der Höhe dreht. Wir können aus dieser Abbildung ersehen, daß in der Nähe des Kerns des Strahlstromes die Windrichtung nahezu konstant bleibt.

Die Abnahme der Temperatur mit der Höhe, die wir in der Troposphäre erwarten müssen, ist aus Abb. 42 klar ersichtlich. In der Stratosphäre sind die Temperaturen wesentlich einheitlicher, doch selbst hier finden wir eine gewisse vertikale Änderung und eine noch viel ausgeprägtere horizontale Änderung. Die Position der Tropopause wurde durch eine dicke Linie angedeutet. Wir finden sie oberhalb des 200 mb-Niveaus über Brownsville (Texas). Im Gebiet nördlich von Dodge City (Kansas) sinkt sie bis etwa 250 mb ab, und über Lander (Wyoming) finden wir sie gar bei etwa 300 mb. Südlich der Positionen, in welchen die Tropopause merklich absinkt, finden wir ein Strahlstromband.

In der Troposphäre finden wir Gebiete, in welchen der glatte Verlauf der Isothermen deutlich durch einen Knick unterbrochen ist. In diesen Gebieten liegen Luftmassen mit verschiedenen Temperaturen Seite an Seite und werden durch eine Übergangszone voneinander getrennt. Diese Zonen nennen wir *Fronten* oder *Frontalzonen*. In Abb. 40—42 wurden die Grenzen dieser Frontalzonen durch dicke Linien gekennzeichnet. Wir bemerken, daß das Hauptgebiet des Strahlstromes über einer derartigen Frontalzone liegt. Diese Tatsache sollten wir uns gut einprägen.

Linien gleicher relativer Feuchtigkeit wurden in Abb. 43 analysiert. Eine relative Feuchtigkeit von 100% würde vollständige Sättigung der Luft mit Feuchte andeuten und zur Bildung von Wolken oder Nebel führen. 0% würde vollkommen trockene Luft bedeuten. Es zeigt sich, daß unsere Radiosondeninstrumente nicht in der Lage sind, diese beiden Extremwerte genau zu vermessen.

Besonders unter sehr trockenen Bedingungen versagen die Feuchte-
meßgeräte und wir müssen auf andere Weise abschätzen, wieviel
Feuchte unter diesen Bedingungen noch in der Luft vorhanden
sein kann. Trockene Regionen in unserem Querschnitt, in denen
das Feuchteinstrument versagte, sind mit einer Linie begrenzt,
die durch den Buchstaben „A" gekennzeichnet ist. Wir finden, daß
allgemein oberhalb des 250 mb-Niveaus die Luft nicht mehr genügend Feuchte besitzt um von unseren gegenwärtigen Instrumenten erfaßt zu werden. Sehr trockene Luft zeigt sich auch im Lee
der Rocky Mountains. Die Strömungsverhältnisse am 19. April
1963, denen dieser Querschnitt entnommen wurde, sind durch
Föhnbedingungen im Raum von Denver beeinflußt. Föhn ist durch
starke und böige Winde gekennzeichnet, die hangabwärts fließen

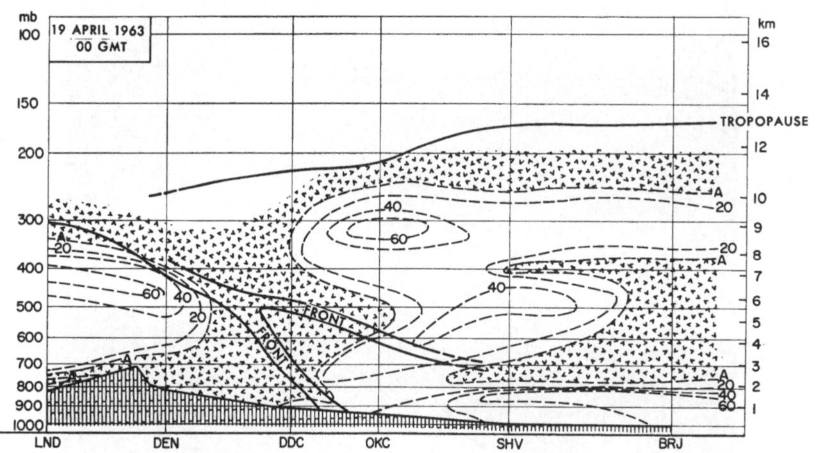

Abb. 43. Linien gleicher relativer Feuchte (in Prozent) im selben Querschnitt wie Abb. 40. Trockene Gebiete sind durch Schattierung gekennzeichnet

und die ihre Feuchtigkeit an der Luvseite des Gebirges größtenteils
verloren haben. Diese Winde erreichen die Ebene östlich des Gebirges trocken und warm als „Schneeschmelzer" und „Staubwirb-
ler".

Trockene Luftverhältnisse finden wir fernerhin innerhalb und
oberhalb der Frontalzone, welche sich aus der Höhe her gegen

den Boden neigt. Diese Tatsache wollen wir uns ebenfalls für eine weitere Diskussion in Kapitel VII einprägen. Der Strahlstromkern hingegen scheint relativ feuchte Luft zu enthalten. Wir sollten zumindest Cirruswolken in dieser Region erwarten. Der meteorologische Satellit TIROS V nahm glücklicherweise ein Bild dieser Region nur etliche Stunden vor dem Zeitpunkt unserer Querschnittanalyse auf. Tatsächlich finden wir in dieser Aufnahme

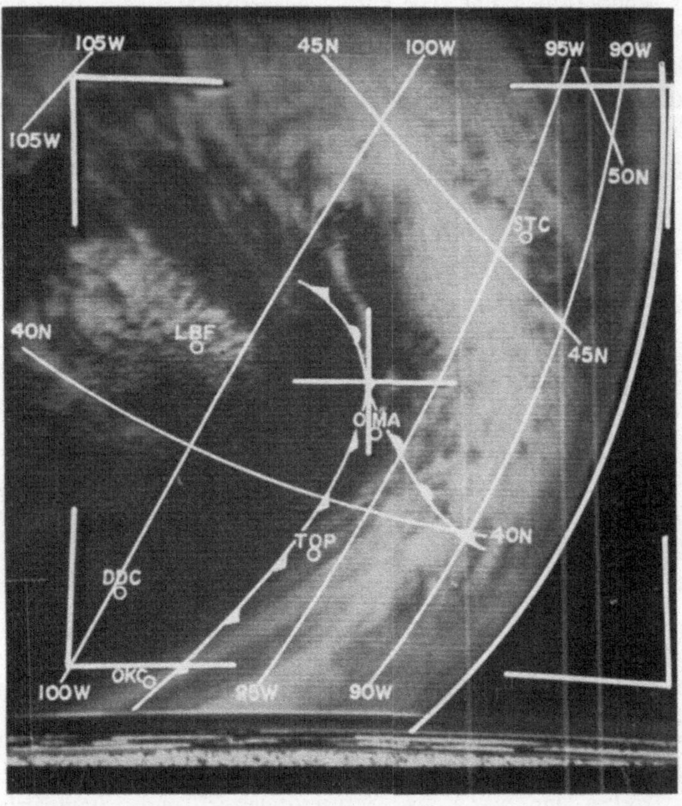

Tafel VII: TIROS V-Photo vom 18. April 1963. Das Netz von Längen- und Breitengraden sowie Fronten und Radiosondenstationen sind der Photographie überlagert. Photo: National Environmental Satellite Center, Suitland (Maryland)

einen Streifen heller Wolken parallel zum Strahlstromkern (Tafel VII). Die Schnittlinie der Frontalzone mit dem Erdboden (siehe Abb. 42) wurde in dieser TIROS-Fotografie als Kaltfront eingezeichnet.

Wir haben somit ein dreidimensionales Bild einer Strahlstromwetterlage entwickelt. Wir analysierten die Strömungsverhältnisse auf einer quasi-horizontalen Fläche in der Nähe des Strahlstromniveaus. Wir schnitten fernerhin in einem Querschnitt durch den Jet-Stream. Eine Verifizierung unserer Analyse erhielten wir durch das modernste und höchstentwickelte Beobachtungsgerät, das derzeit dem Meteorologen zur Verfügung steht, den Wettersatelliten. Kurzum, wir haben eine oberflächliche Kenntnis über die Strahlströme entwickelt, die uns etwa in die gleiche Lage versetzt, in der sich ein Wetterberater befand, der seinen Beruf kurz nach Ende des zweiten Weltkrieges auszuüben versuchte. Leider ist damit unser Gesprächsgegenstand noch lange nicht erschöpft. Bisher haben wir sorgfältig und erfolgreich die Frage umgangen, *wie* die Strahlströme entstehen. Wir wollen sie nunmehr stellen.

Kapitel V

Wie entsteht der Strahlstrom?

Eine „geheimnisvolle" Ablenkungskraft

Aus den in vorangehenden Kapiteln beschriebenen Beobachtungstatsachen lernten wir, daß der Jet-Stream und die Winde in der freien Atmosphäre im allgemeinen nicht geradewegs von einem Hochdruckgebiet zum nächsten Tiefdruckgebiet fließen. Sie strömen also nicht entlang der Fallinie einer Fläche konstanten Druckes „talabwärts", so wie ein Bach unter dem Einfluß der Schwerkraft am Abhang eines Berges hinunterrinnen würde. Der Wind zeigt vielmehr eine Tendenz, parallel zu den Konturlinien zu wehen, wobei er die „Berge" hohen Druckes im Uhrzeigersinn umströmt, „Täler" tiefen Druckes dagegen im Gegenuhrzeigersinn. Diese Verhältnisse gelten in der Nordhemisphäre (siehe z. B. Abb. 32 und 33). In der Südhemisphäre gilt der umgekehrte Umlaufsinn.

Es muß also irgendeine geheimnisvolle Kraft existieren, welche die Winde davon abhält, dasselbe zu tun wie die Bäche — eine Kraft, die aus der vom Hochdruck zum Tiefdruck gerichteten Fallinie ablenkt. Diese Linie nennen wir die Richtung des *horizontalen Druckgradienten*. Je größer der Druckgradient ist, desto steiler ist der Abhang zwischen Hoch- und Tiefdruckgebiet und demzufolge die Wirkung der Schwerkraft. Diese Schwerkraftwirkung bringt es mit sich, daß Winde bei steilen Druckgradienten stärker sind als bei flachen. Wir sehen dies deutlich aus den in Abb. 33 und 34 dargestellten Karten. Dort wo die Konturlinien der 250 mb-Fläche nahe beisammenliegen und dadurch einen steilen Abhang der Fläche, oder einen steilen Druckgradienten andeuten, finden wir hohe Windgeschwindigkeiten. Wir sehen daraus, daß der Strahlstrom dem Bande des stärksten Druckgradienten folgt.

Von dem, was in Kapitel II darüber gesagt wurde, erkennen wir den *Druckgradienten* als einen *Vektor:* Er besitzt eine *Größe* und eine *Richtung* (Abb. 44). Die letztere weist senkrecht zu den

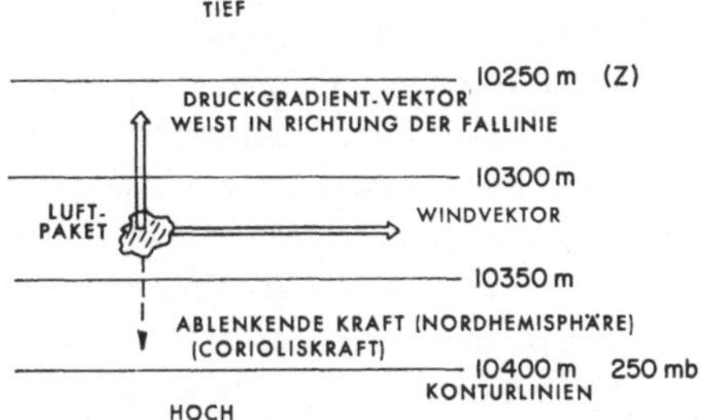

Abb. 44. Schematische Darstellung der Kräftevektoren, die auf ein Luftpaket einwirken. Der Vektor der Druckgradientkraft weist entlang der Fallinie gegen das Tiefdruckgebiet hin. Der Windvektor weist nach rechts, parallel zu den Konturlinien. Der Vektor der Corioliskraft (das ist die ablenkende Kraft der Erdrotation) ist durch den gestrichelten Pfeil gekennzeichnet

Konturlinien, und die erstere ist umgekehrt proportional zum Abstand zwischen den Konturlinien. Die Größe des Gradienten können wir definieren als

$$-\frac{\Delta Z}{\Delta n} \tag{12}$$

wobei ΔZ die Höhendifferenz zwischen zwei aufeinanderfolgenden Konturlinien darstellt, und Δn den Abstand zwischen diesen Konturlinien entlang der Fallinie mißt.

Der Windvektor weist in der Nordhemisphäre rechts vom Vektor des Gradienten (links vom Gradienten in der Südhemisphäre), infolge einer „mysteriösen" Ablenkungskraft, welche wir in Abb. 44 durch einen gestrichelten Vektor kennzeichneten. Dies ist die sog. *Corioliskraft.* Ihre Gegenwart macht sich in den Bewegungsgesetzen der großräumigen atmosphärischen Bewegungen bemerkbar und stellt somit einen bedeutsamen Faktor in der Entstehung der Strahlströme dar. Diese wiederum beeinflussen das Wettergeschehen in seiner täglichen Veränderlichkeit (siehe Kapitel VII).

Der Impuls und das Ringelspiel

Haben Sie jemals versucht von einem schnell rotierenden Ringelspiel abzuspringen? Wenn ja, dann erinnern Sie sich sicher der zerschürften Hände und Knie. Während Sie am äußeren Rand der rotierenden Plattform standen, war alles noch in bester Ordnung. Als Sie jedoch absprangen, nahmen sie die Geschwindigkeit der Rotation mit sich. Sie traten daher mit relativ hoher Geschwindigkeit auf den festen Erdboden auf. Isaac Newton (1687) formulierte diese Erfahrungstatsache in einem Fundamentalgesetz der Physik: Ein bewegter Körper behält seinen *Impuls* bei, so lange keine Kräfte auf diesen Körper von außen her einwirken. Der Impuls ($\vec{M}$) ist definiert als die Masse des Körpers, m, mal dessen Geschwindigkeit, $\vec{v}$

$$\vec{M} = m \cdot \vec{v}. \tag{13}$$

Da die Geschwindigkeit ein Vektor ist, die Masse jedoch nicht, ist der Impuls ebenfalls ein Vektor, der in derselben Richtung wie die Geschwindigkeit weist.

Die Beibehaltung des Impulses bewirkt, daß Passagiere beim Zusammenstoß durch die Windschutzscheiben ihres Autos fliegen, falls sie vergessen haben, ihre Sitzgurte zu benutzen. Sie bewirkt, daß ein Schlittschuhläufer noch weiterhin über das Eis schlittert, wenn er schon längst aufgehört hat, sich mit seinen Beinen abzustoßen. Beim Billardspiel wird der Impuls einer Kugel auf die andere übertragen, so daß die Vektorsumme des Impulses beider Kugeln gleich ist dem Impuls der ersten Kugel vor dem Zusammenstoß.

Es wird nicht nur der lineare Impuls geradliniger Bewegung, ($m \cdot v$), beibehalten, solange keine Kraft von außen her auf den bewegten Körper einwirkt, sondern auch der *Drehimpuls*. Da der Drehimpuls ebenfalls unter denselben Bedingungen erhalten bleibt, dreht sich die Erde immer noch annähernd mit derselben Geschwindigkeit um ihre Achse, wie sie dies vor Jahrmillionen tat.

Wir müssen allerdings mit dieser Aussage etwas vorsichtig sein. Wir können die Erde mit einem gigantischen Kreisel vergleichen. Ein Kreisel verlangsamt seine Umdrehung durch die Reibung seiner Achse auf dem Boden und schlägt schließlich um. Die Erde hat keine feste Achse, die gegen irgendein himmlisches Kugellager reiben würde. Trotzdem existiert eine gewisse Reibung, die im Laufe der Jahrtausende die Erdrotation um ein Geringfügiges verlangsamt hat. Andere Himmelskörper, besonders die Sonne und der Mond, verursachen durch ihre Anziehung Gezeitenkräfte, welche wiederum Bewegungen in den Ozeanen, in der Atmosphäre und in der etwas plastischen Erdkruste verursachen. Die ozeanischen Gezeiten kann man täglich beobachten, wenn man das Glück hat, an der Küste zu wohnen. Diese Gezeitenkräfte üben eine gewisse Reibungsverzögerung auf die Erdumdrehung aus. Die Verzögerung wird durch die Tatsache verursacht, daß die beiden Ausbuchtungen der Erde, die durch die Anziehungskraft des Mondes verursacht werden, nicht genau in der Linie zwischen Erdmittelpunkt und Mond liegen, sondern durch die Umdrehung der Erde etwas der Position des Mondes vorangetragen werden. Da die Anziehungskraft des Mondes auf die nähergelegene Ausbuchtung stärker ist, als auf die Ausbuchtung auf der entgegengesetzten Seite der Erde, existiert zwischen diesen beiden Ausbuchtungen eine resultierende Kraft. Diese Kraft verursacht die beiden Ausbuchtungen etwas von ihrer Rotation zurückzuhalten. Dieses Zurückhalten verursacht eine kaum merkliche Bremsung der Erdrotation.

Der Drehimpuls $\vec{G}$ (ebenfalls ein Vektor, jedoch ein etwas komplizierterer, wie in Abb. 45 gezeigt wird) ist definiert als das Produkt zwischen Winkelgeschwindigkeit, $\vec{\Omega}$ und dem Trägheitsmoment, $m\,r^2$, wobei m die Masse des rotierenden Punktes darstellt, den wir gerade betrachten, und r der Radialabstand dieses Punktes von der Rotationsachse ist:

$$\vec{G} = \vec{\Omega} \cdot m \cdot r^2. \tag{14}$$

Da $\vec{\Omega}$ eine Geschwindigkeit darstellt, müssen wir diese Größe ebenfalls als Vektor behandeln, der senkrecht zur Rotationsebene steht, welche den rotierenden Massenpunkt mit der Masse m enthält. Der mathematischen Konvention entsprechend zeigt dieser Vektor in die Richtung, in welche die Rotationsebene „geschraubt" würde, falls sie mit einer „rechtsgängigen" Schraube verbunden wäre. Es folgt aus Gleichung (14), daß der Vektor $\vec{G}$ dieselbe Richtung hat wie der Vektor $\vec{\Omega}$, jedoch verschiedene Größe, nämlich multipliziert mit $m \cdot r^2$. Dieser Vergleich ist in Abb. 45 dargestellt.

Johannes Keppler (1571—1630) war der erste, der das Prinzip der Gleichung (14) erkannte. Er stellte fest, daß die radiale Distanz zwischen einem Planeten und der Sonne in der Orbitalebene während gleicher Zeiten gleiche Flächen überstreicht, ganz

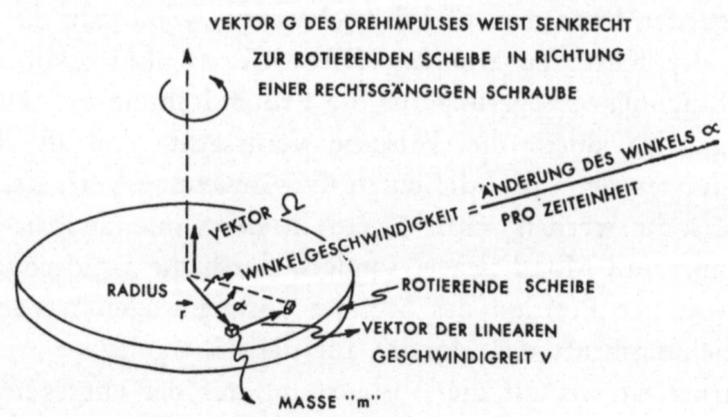

Abb. 45. Der Drehimpuls wird durch einen Vektor dargestellt, der senkrecht zur Rotationsebene weist. Seine Größe ist durch $\Omega\, m\, r^2$ gegeben und seine Richtung durch die Bewegung einer rechtsgängigen Schraube, die mit der rotierenden Ebene in Verbindung steht. $\vec{G}$ und $\vec{\Omega}$ weisen denselben Richtungssinn auf

gleichgültig, wo sich der Planet gerade in seiner Umdrehung um die Sonne befindet. Wenn der Planet sich der Sonne nähert, erhöht sich seine Revolutionsgeschwindigkeit. Entfernt sich der Planet von der Sonne, so verlangsamt er sich gleichzeitig. Ω, die Winkelgeschwindigkeit, gibt die Geschwindigkeit an, mit welcher sich die Radialdistanzlinie (oder der Radiusvektor, wie wir diese auch benennen können) zwischen Sonne und Planet um die Sonne herumbewegt. Wir erinnern uns sicherlich noch vom Geometrieunterricht her, daß die Fläche, die von einem derartigen Radiusvektor in einer Umdrehungsbewegung überstrichen wird, mit dem Quadrat des Radius zunimmt. Daher gibt r^2 uns ein Maß der Fläche an, die in der Orbitalebene von einem Planeten, der im Abstand r um die Sonne kreist, überstrichen wird. Das Kepplersche Gesetz drückt die Tatsache aus, daß das charakteristische Produkt $\Omega \cdot r^2$ in der Revolutionsbewegung eines Planeten konstant bleibt. Dies bedeutet, daß der Planet einen konstanten Drehimpuls besitzt.

Falls Sie mit dem Ausdruck *Winkelgeschwindigkeit* nicht vertraut sind, können wir Ihnen eine sehr einfache Definition bieten: Ω ist dargestellt durch die Winkeländerung pro Zeiteinheit, oder durch

$$\Omega = \frac{\alpha}{t}. \tag{15}$$

Für gewöhnlich drücken wir den Winkel α in *Radianen* aus, anstatt in Winkelgraden. Ein voller Kreis von $360°$ entspricht 2π Radianen [1]. Die Winkelgeschwindigkeit Ω der Erde zu berechnen ist eine äußerst simple Aufgabe. Wir wissen, daß die Erde eine volle Umdrehung von $360°$ in 3 min und 57 sec weniger als 24 Std (86 400 sec) ausführt. Daher

$$\Omega_{\text{Erde}} = \frac{360°}{1 \text{ Tag} - 237 \text{ sec}} \tag{16}$$

oder

$$\Omega_{\text{Erde}} = \frac{2}{86\,163} = 7{,}292 \times 10^{-5} \frac{\text{Radian}}{\text{sec}} \tag{17} \text{[2]}$$

Gleichung (14) gibt uns einen neuen Gesichtspunkt zur Betrachtung: Rotationsvektoren weisen in die Richtung einer Schraubenbewegung, d. h. ihre Richtung steht senkrecht sowohl auf den Radiusvektor $\vec{r}$ als auch auf den Vektor der Lineargeschwindigkeit $\vec{v}$ (Abb. 46). Diese Lineargeschwindigkeit hat die Größe von

$$v = r \cdot \Omega. \tag{18}$$

Aus dieser Gleichung (18) geht hervor, daß wir, wenn wir auf einer Plattform stehen, die mit konstanter Winkelgeschwindigkeit Ω rotiert, unsere Lineargeschwindigkeit vergrößern können, je weiter wir uns vom Zentrum dieser Rotationsbewegung wegbewegen. Je größer also der Radius r wird (Vergleiche r_1 und r_2

---

1 In der Geometrie wird ein Radian definiert als der Winkel der von einem Bogen umschrieben wird, dessen Länge und dessen Radius einander gleich sind.

2 Ein Faktor von 10^{-5} bedeutet, daß 7,292 multipliziert werden muß mit $\dfrac{1}{100\,000}$. Der Nenner in diesem Bruch hat 5 Nullen.

in Abb. 47), desto größer wird die Lineargeschwindigkeit. Sollten Sie dies nicht für möglich halten, so besteigen Sie im Vergnügungspark einmal ein Teufelsrad.

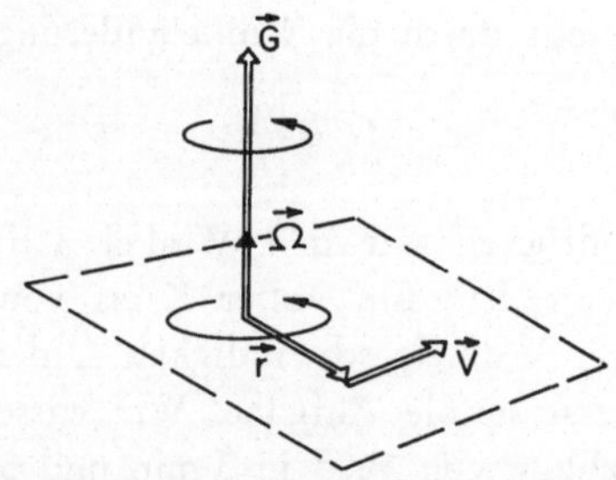

Abb. 46. Die Richtung des Drehimpulses $\vec{G}$ steht senkrecht sowohl zur Richtung des Windvektors $\vec{v}$ als auch des Radiusvektors $\vec{r}$.

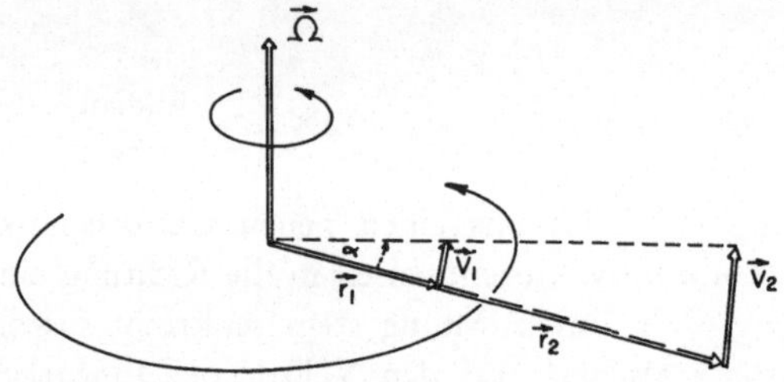

Abb. 47. Bei konstanter Winkelgeschwindigkeit $\vec{\Omega}$ nimmt die lineare Geschwindigkeit $\vec{v}$ mit dem Radius zu. Wird in der Zeiteinheit vom Radiusvektor der Winkel α überstrichen, so bewegt sich der Körper 1 mit der Geschwindigkeit $\vec{v}_1$ (angedeutet durch die entsprechende Pfeillänge), der Körper 2 jedoch mit der Geschwindigkeit $\vec{v}_2$

Mit Hilfe der Gleichung (18) können wir die Größe des Drehimpulses eines rotierenden Körpers mit

$$G = r \cdot v \cdot m \tag{19}$$

ausdrücken.

Ein Eisläufer, der seine Pirouetten übt, müßte eigentlich die Bedeutung dieser Gleichung sehr wohl verstehen. Er beginnt seine Bewegung mit ausgestreckten Armen, d. h. also mit einem großen Radius r. Plötzlich jedoch kreuzt er die Hände über seiner Brust und verringert dadurch den Radius der Rotationsbewegung. Sein

100

Drehimpuls, der durch Gleichung (14) gegeben ist, wird jedoch beibehalten — ausgenommen der leichte Reibungseffekt der Schlittschuhe auf dem Eis —, ebenso bleibt die Masse des Eisläufers konstant. Um also für die Reduktion im Radius zu kompensieren, erhöht sich die Umdrehungsgeschwindigkeit Ω in sehr eindrucksvoller Weise. Dies ist das einfache Geheimnis, das hinter der Pirouette steckt.

Wir verglichen vorhin die Erde mit einem riesigen Kreisel. Tatsächlich müßten wir jedoch etwas präziser sein, denn dieser Kreisel besteht aus 3 verschiedenen Dingen: die feste Erde, die Ozeane und die Atmosphäre. Wir sollten daher besser sagen, daß die *Summe* der Drehimpulse der Erde, der Ozeane und der Atmosphäre konstant bleiben muß (ausgenommen der vernachlässigbare Effekt der Gezeitenreibung, den wir vorhin erwähnten)

$$G_{\text{Erde}} + G_{\text{Ozeane}} + G_{\text{Atmosphäre}} = \text{konstant.} \tag{20}$$

Im vorangehenden Kapitel diskutierten wir die hohen Windgeschwindigkeiten, die in Strahlströmen auftreten können. Die atmosphärischen Strömungen sind im Winter wesentlich stärker als im Sommer. Diese jahreszeitlichen Schwankungen in der Stärke des Jet-Stream sind in der Nordhemisphäre größer als in der Südhemisphäre. Es beschleunigt sich daher die Atmosphäre als Ganzes in ihrer mittleren West—Ost-Bewegung während des nordhemisphärischen Winters und verzögert sich in ihrer Bewegung während des nordhemisphärischen Sommers. Die Ozeane verhalten sich in einer ähnlichen Weise, jedoch mit wesentlich geringeren Geschwindigkeiten, denn ihre Zirkulation wird im wesentlichen durch Luftströmungen angetrieben. Wenn daher in Gleichung (20) eine Balance angestrebt werden soll, so muß sich die Rotationsgeschwindigkeit der festen Erde — enthalten im Term G_{Erde} — verringern, wenn sich die Rotationsgeschwindigkeit der Atmosphäre und der Ozeane erhöht.

Eine Veränderung in der Rotationsgeschwindigkeit der Erde ist als Schwankung in der Tageslänge bemerkbar. Dieser Effekt ist jedoch so klein, daß er mit gewöhnlichen Uhren nicht festgestellt werden kann. Man muß die Tageslänge (gezählt von der Passage eines Fixsternes durch den Meridian) mit Atomuhren messen, denn die Schwankungen in dieser Länge, die durch die

Ozeane und die Atmosphäre verursacht werden, sind in der Größenordnung von Millisekunden.

Die Erhaltung des Drehimpulses bewirkt nicht nur, daß die Erde nach so vielen Jahrmillionen immer noch rotiert, sie hilft auch bei der Erzeugung der Strahlströme. Wie wir weiter unten sehen werden, kann das Geheimnis des Jet-Stream verhältnismäßig einfach gelöst werden — wir können seine Geburt sogar im Laboratorium nachahmen. Jedoch wie das so oft bei den sog. einfachen Dingen des Lebens der Fall ist, je mehr wir über sie entdecken und erfahren, desto mehr Details harren auf eine Erklärung. Selbst heutzutage sind wir daher immer noch vom völligen Verständnis aller einzelnen Aspekte der Strahlströme weit entfernt.

Wir wollen uns zunächst einmal etliche Grundtatsachen der allgemeinen Zirkulation, so wie sie in der Querschnittzeichnung der Erde und ihrer Atmosphäre in Abb. 48 dargestellt wurde, vor

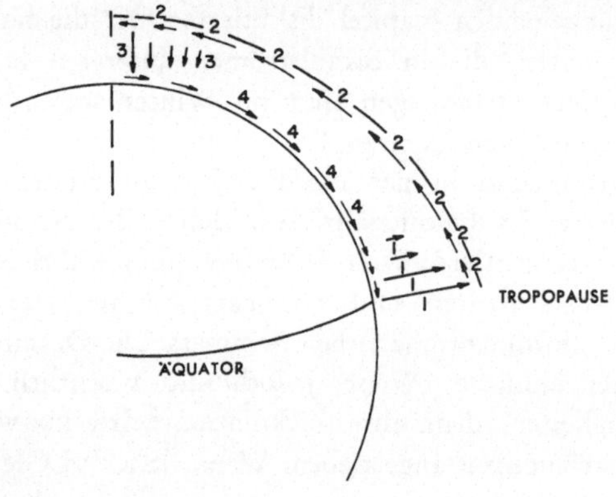

Abb. 48. Schematischer Querschnitt durch die Atmosphäre einer nichtrotierenden Erde, die am Äquator erwärmt und am Pol abgekühlt wird

Augen halten. Der vertikale Maßstab in diesem Diagramm wurde offensichtlich gewaltig überhöht. Wir wollen zunächst einmal annehmen, daß die Erde stillsteht und daß die Sonne um sie rotiert, so wie der Astronom Ptolemäus seine Mitbürger in Alexandrien glauben machen wollte. Der Erdäquator wird unter diesen Umständen einen verhältnismäßig hohen Anteil an Wärmeenergie empfangen. Diese Wärme wird Konvektionsbewegungen nach oben bis zur *Tropopause* veranlassen (Pfeile „1"). Die Luft, die in diesen Konvektionsströmungen nach oben fließt, wendet sich gegen die kühleren Pole hin. Dies ist die einzige mögliche Strömungsrichtung, nachdem die Luft auf den „Deckel" der Tropopause stößt. Auf dieser Reise gegen den Pol hin kühlt sich die Luft durch Ausstrahlung in den Weltraum hin ab (Pfeile „2"). Zur selben Zeit wird die über dem Äquator aufsteigende Luft durch kühlere Luft, die entlang der Erdoberfläche von den Polen her einfließt, ersetzt (Pfeile „4"). Das Zirkulationsschema wird schließlich durch absinkende Luftmassen über den Polen vervollständigt (Pfeile „3").

Wir lassen nunmehr unser geozentrisches System im Stich und wollen die Dinge so wie sie auf einer *rotierenden* Erde wirklich sind betrachten. Wir finden dieselben thermischen Verhältnisse vor uns. Die äquatorialen Regionen erhalten mehr Sonnenenergie pro Einheitsfläche als die Pole. Um das existierende Gleichgewicht der Temperaturen aufrecht zu erhalten — d. h. um die Tropen vor dem Braten und die hohen Breiten vom Gefrierungstod zu bewahren —, muß Wärmeenergie vom Äquator zu den Polen hin transportiert werden. Die Atmosphäre versucht dies durch Konvektionsbewegungen über den tropischen Gebieten zu bewerkstelligen und durch meridionale Bewegungen in quasi-horizontalen Ebenen über gemäßigten Breiten, ähnlich wie dies in Abb. 48 gezeigt wurde. Wir müssen jetzt jedoch folgendes berücksichtigen: Die Luft in den tropischen Breiten war im Kontakt mit dem festen Erdboden und erhielt dadurch die Rotationsgeschwindigkeit der Erde in niedrigen geographischen Breiten. Wir können aus Gleichung (17) ersehen, daß die Erde sich um ihre Achse mit einer Geschwindigkeit von $\Omega = 7{,}292 \times 10^{-5}$ Radian/sec dreht. Mit einem mittleren Erdradius R von $6{,}371 \times 10^6$ m³ beträgt der *Drehimpuls* von 1 g Masse an der Erdoberfläche in äquatorialen Breiten

$$G_1 = (6{,}371 \times 10^6)^2 \times 7{,}292 \times 10^{-5} \times 1 =$$
$$= 295{,}980 \times 10^7 \; m^2 \cdot \text{Radiane/sec}^{-1} \qquad (21)$$

(Der Einfachheit halber wollen wir von hier ab den Drehimpuls

---

3 Der Faktor 10^{-5} bedeutet, daß wir durch 100 000 (welches 5 Nullen besitzt) zu dividieren haben. Ein Faktor von 10^6 bedeutet, daß wir mit 1 000 000 (6 Nullen) zu multiplizieren haben.

pro Masseneinheit betrachten. Das heißt wir wollen annehmen, daß in Gleichung (14) $m = 1$ ist.)

Falls ein Luftpaket am Erdäquator die Rotationsgeschwindigkeit der Erde mitbekommen hat, d. h. falls das Luftpaket mit derselben Geschwindigkeit wie die Erde rotiert, wird ein Beobachter in den Tropen feststellen, daß „Windstille" herrscht. Der Beobachter rotiert nämlich ebenfalls mit der Erdgeschwindigkeit, genauso wie das betrachtete Luftpaket, und wird daher keinen Wind verspüren.

Während das Luftpaket, welches über dem Äquator zur Tropopause aufstieg, nun polwärts fließt, ereignen sich mehrere Dinge. Zunächst einmal vermindert sich mit zunehmender geographischer Breite Φ der Abstand r von der Rotationsachse, denn die Erde besitzt annähernd die Krümmung einer Kugel. Die Abhängigkeit von r von der geographischen Breite mag aus Abb. 49 ersehen

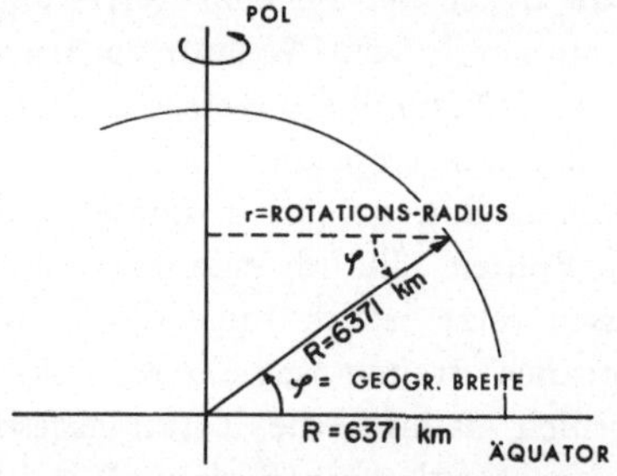

Abb. 49. Der Rotationsradius $\vec{r}$ nimmt mit der geographischen Breite ab

werden und kann in einer einfachen trigonometrischen Formel ausgedrückt werden

$$r = R \cdot \cos \Phi. \tag{22}$$

Falls das Luftpaket seinen Drehimpuls auf dieser Reife beibehält — und es wird dies tun, so lange keine äußeren Kräfte auf das Paket einwirken —, muß sich die Rotationsgeschwindigkeit dieses Paketes relativ zur Erdachse ändern, um für den abnehmenden Radius zu kompensieren

$$G = (R \cdot \cos \Phi)^2 \cdot \Omega = \text{konstant.} \tag{23}$$

Wir wollen das Paket, während es vom Äquator ($\Phi_1 = 0°$) zur geographischen Breite $\Phi_2 = 30°$ wandert, verfolgen. Wir nehmen an, daß das Luftpaket am Äquator die Rotationsgeschwindigkeit der Erde besaß, d. h. also, daß das Luftpaket unter windstillen Bedingungen zur Tropopause aufstieg. Es folgt

$$G_1 = (R \cdot \cos \Phi_0)^2 \cdot \Omega_1 = R^2 \cdot \Omega_1 , \tag{24}$$

denn $\cos 0° = 1$ und $\Omega_1 = \Omega = 7{,}292 \times 10^{-5}$ Radian $\cdot$ sec^{-1}, welches die Rotationsgeschwindigkeit der Erde ist. Aus Gleichung (21) ersehen wir, daß $G_1 = 295{,}980 \times 10^7$ m$^2 \cdot$ Radian $\cdot$ sec^{-1}.

In $30°$ Breite besitzt das Luftpaket nunmehr den Drehimpuls

$$G = (R \cdot \cos \Phi_2)^2 \cdot \Omega_2 = (6{,}371 \times 10^6 \times 0{,}866)^2 \, \Omega_2 , \tag{25}$$

denn $\cos 30° = 0{,}866$ oder

$$G = 30{,}440 \times 10^{12} \times \Omega_2 . \tag{26}$$

Falls der Drehimpuls während dieser Reise beibehalten wurde, können wir schreiben

$$G_1 = G_2 \tag{27}$$

oder

$$295{,}980 \times 10^7 = 30{,}440 \times 10^{12} \times \Omega_2 .$$

Daraus können wir die Rotationsgeschwindigkeit des Luftpakets relativ zur Erdachse berechnen

$$\Omega_2 = \frac{295{,}980 \times 10^7}{30{,}440 \times 10^{12}} = 9{,}723 \times 10^{-5} \,\text{Radian} \cdot \text{sec}^{-1}. \tag{28}$$

Wir sehen nunmehr, daß das Luftpaket bei seiner Ankunft in $30°$ Breite wesentlich schneller rotiert als die Erde selbst (siehe Gleichung (17)). Da sich die Erde von Westen nach Osten dreht, bedeutet eine höhere Rotationsgeschwindigkeit der Luftmasse, daß ein starker *Westwind* vorherrscht.

Für gewöhnlich betrachten wir in der Meteorologie die lineare Windgeschwindigkeit und nicht die Winkelgeschwindigkeit der Luft. Eine Umrechnung ist mit Hilfe von Gleichung (18) äußerst einfach. Als Beobachter, die an die feste Erde gebunden sind, müssen wir uns daran erinnern, daß wir nur an der Windgeschwindigkeit *relativ* zur Erde interessiert sind, d. h. also, daß wir die

Winkelgeschwindigkeit der Erde selbst von der Rotationsgeschwindigkeit der Luftmasse, die wir in Gleichung (28) berechneten, subtrahieren müssen.

Die Windgeschwindigkeit beträgt daher in den geläufigen Einheiten von m/sec

$$u = (R \cdot \cos 30°) \times (\Omega_2 - \Omega) \tag{29}$$

oder

$$u = (6{,}371 \times 10^6 \times 0{,}866) \times [(9{,}723 - 7{,}292) \times 10^{-5}] = 134{,}1 \text{ m/sec} \tag{30}$$

Andere Kräfte

Aus diesem kurzen Beispiel ersehen wir, daß unter Beibehaltung des absoluten Drehimpulses relativ geringfügige Verfrachtungen von Luftmassen gegen den Pol hin genügen, um starke Windgeschwindigkeiten, so wie wir sie in den Strahlströmen antreffen, zu verursachen. Aus dem im vorangehenden Kapitel angeführten Beispiel sehen wir auch, daß die tatsächlichen Windgeschwindigkeiten, die wir im Strahlstrom antreffen, geringer sind als diejenigen, welche wir oben berechneten. Diese Diskrepanz deutet an, daß der Drehimpuls nicht strikt beibehalten wird, während sich die Luftmassen auf ihre Reise gegen den Pol hin begeben. Es müssen also irgendwelche äußeren Kräfte auf das Luftpaket einwirken, während es gegen den Pol fließt.

Die wichtigsten dieser Kräfte sind die sog. *Druckkräfte*. Die Luftmassen, welche in den Konvektionsbewegungen über den Tropen in bewölkten Wetterverhältnissen aufgestiegen sind und welche sich nun gegen den Pol hin bewegen, müssen gegen andere Luftmassen andrängen, die ihnen im Wege liegen. Es werden also hier gewissermaßen Luftmassen aufgehäuft, d. h. es findet eine gewisse *Konvergenz* der Luft statt, um den entsprechenden *terminus technicus* zu verwenden. Dieser Überschuß an Luft verursacht einen Hochdruckgürtel, der sich um die gesamte Hemisphäre erstreckt und der eine ausfließende Tendenz in den Luftströmungen herbeiführt. Nichtsdestoweniger fährt die äquatoriale Luft fort, gegen diesen Hochdruckgürtel anzudrängen, also gewissermaßen gegen die Druckkräfte anzukämpfen. Diese Kräfte hindern die Luft schließlich daran, weiter nach Norden hin vorzudringen und ihre Westwindgeschwindigkeit unter Beibehaltung des Drehimpulses weiter zu erhöhen.

Wir haben somit die Tatsache abgeleitet, daß die konvergente Bewegung der oberen Troposphäre innerhalb der Strömung vom Äquator her mit zunehmender Westwindgeschwindigkeit zusammenfällt, welche versucht, ihren Drehimpuls beizubehalten. Konvergenz jedoch bedeutet einen Überschuß an Masse in einer vertikalen Luftsäule, daher eine Zunahme im Gesamtgewicht dieser Luftsäule, gemessen von der Obergrenze der Atmosphäre bis zum Boden. Da der Bodendruck, den wir mit einem Barometer messen, nichts anderes ist als das Gesamtgewicht dieser Luftsäule, nimmt dieser barometrische Druck zu, während Luftmassen in die vertikale Luftsäule im Jet-Stream-Niveau eingedrängt werden. Diese Konvergenz verursacht daher einen Hochdruckgürtel unterhalb des Gürtels stärkster Westwinde im Tropopausenniveau. Ein gewisser Anteil dieser Luft versucht in vertikaler Richtung aus diesem Hochdruckgürtel zu entweichen, doch ist der Weg nach oben hin durch die stabile Schichtung der Stratosphäre gesperrt. Die Luft müßte in dieser Richtung noch zusätzlich gegen die Schwerkraft ankämpfen. Der Großteil der ausweichenden Strömung wird daher nach *unten* gerichtet sein. Absinkende Luftbewegung ist jedoch zunehmendem Luftdruck ausgesetzt und wird sich daher in einer Erwärmung äußern. Wolken, falls sie überhaupt existieren, müßten sich unter diesen Bedingungen auflösen und verdunsten. Wir können daher in diesem Hochdruckgürtel Schönwetter erwarten (Abb. 50 und 51).

In Äquatornähe steigt die Luft auf. Sie kühlt sich beim Aufsteigen ab, da sie sich bei abnehmendem Luftdruck ausdehnt. Der vorhandene Wasserdampf wird dabei kondensieren und Wolken sowie Niederschlag auslösen. Aus diesem Grund fällt in den tropischen Regionen ausgiebiger Regen.

An der Erdoberfläche fließt die Luft aus dem subtropischen Hochdruckgürtel aus; sie *divergiert* also aus dieser Region. Ein Teil dieser Luft wird weiterhin in höhere Breiten hin strömen (1 in Abb. 51). Ein anderer Teil jedoch wird gegen den Äquator hin zurückgelenkt (2 in Abb. 51). Diese Luftmassen werden nicht nur ihre westliche Windgeschwindigkeit durch Reibung in den unteren Atmosphärenschichten und am Erdboden verlieren. In der

Strömung gegen den Äquator hin können wir auch die Gleichungen (24)—(30) „verkehrt" anwenden. Wir beginnen nunmehr bei der geographischen Breite Φ_2 und enden bei der Breite Φ_1, wobei wir eine negative Windgeschwindigkeit $-u$ derselben Größe wie zuvor erhalten. Das Minuszeichen bedeutet *Ostwinde*.

Unter anderem müssen diese Ostwinde ständig gegen die Reibung an der Erdoberfläche ankämpfen. Dieser Kampf verbraucht den Großteil ihrer Energie und läßt sie daher verhältnismäßig

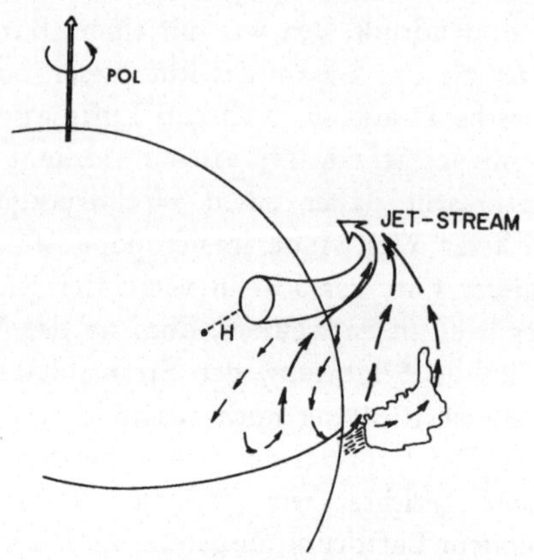

Abb. 50. Schematische dreidimensionale Darstellung der Luftbewegungen auf einer rotierenden Erde, die am Äquator erwärmt und am Pol abgekühlt wird

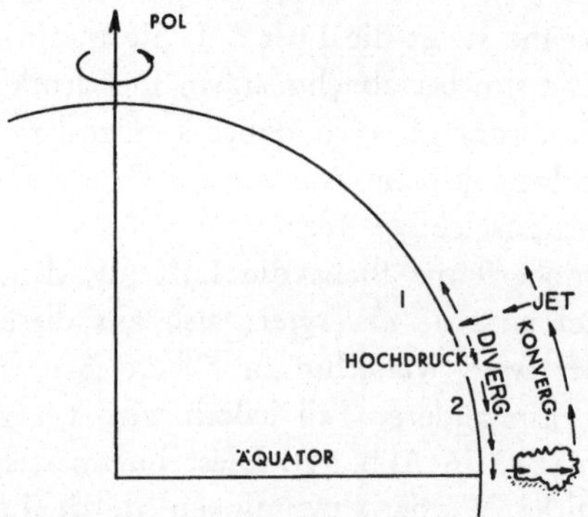

Abb. 51. Ebene Darstellung der in Abb. 50 gezeigten Verhältnisse

schwach erscheinen, wesentlich schwächer als einer südwärts gerichteten Strömung unter Beibehaltung des Drehimpulses entsprechen würde.

Der „subtropische Jet-Stream"

Bisher haben wir nur über die *möglichen* Bewegungen in der Atmosphäre Spekulationen angestellt. Da unsere Schlußfolgerungen logisch waren, dürfen wir nicht überrascht sein, wenn wir die theoretisch abgeleiteten Strömungsverhältnisse tatsächlich in der irdischen Atmosphäre wiederfinden.

Der Strahlstrom, der in Abb. 50 und 51 in etwa 30° geographischer Breite erscheint, ist der sog. *subtropische Jet-Stream*. Er umschließt die ganze Hemisphäre. Dieser Strahlstrom ist verhältnismäßig beständig und besonders im Winter gut ausgebildet, wenn der Temperaturunterschied zwischen Äquator und Pol, der die planetarische Zirkulation antreibt, am stärksten ist.

Unter dem subtropischen Jet-Stream finden wir (so wie wir dies vorhin abgeleitet haben) den *subtropischen Hochdruckgürtel* mit Schönwetter und wüstenartigen Klimaten sogar über den Ozeanen. Wir wissen nunmehr, daß Absinkbewegungen in dieser Region der Atmosphäre den Niederschlag verhindern, gleichgültig, wie viel Wasser auf der Erdoberfläche vorhanden sein mag.

Die aus dem subtropischen Hochdruckgürtel gegen den Äquator hin ausströmenden Luftmassen nehmen eine östliche Windrichtung an und können leicht als die *Passatregion* identifiziert werden. Die gegen den Pol hin ausströmende Luft dagegen nimmt eine westliche Strömungskomponente an. Sie trägt zur Zone der Westwinde in gemäßigten Breiten bei (Abb. 1). Die bremsende Wirkung der Reibung an der Erdoberfläche verhindert die Passatwinde und die Westwinde der gemäßigten Breiten daran, Jet-Stream-Geschwindigkeiten zu erreichen.

Mit Hilfe der oben angeführten Argumente können wir nunmehr den gesamten Mechanismus der tropischen und subtropischen Zirkulation der Erdatmosphäre in einem neuen, jedoch physikalisch-realistischen Konzept betrachten. Die Passatwinde sind Bestandteil eines meridionalen Zirkulationssystems, welches den subtropischen Jet-Stream und seine Konvergenzbewegungen in der oberen Troposphäre als wesentlichen Faktor enthält. Dieses Strömungssystem wiederum ist durch die Ausflußbewegung äquatorialer Luft im Tropopausenniveau unter annähernder Beibehaltung des Drehimpulses aufrechterhalten. Die Dinge liegen also verhältnismäßig einfach.

Trotz dieser faszinierenden Logik und Einfachheit der Atmosphäre erwarten den Meteorologen einige komplizierte Probleme. Wollten wir z. B. die Größenordnung und die Veränderlichkeit der Ausströmbewegung aus den äquatorialen Breiten, welche den subtropischen Strahlstrom erzeugt, berechnen und vorhersagen, so müßten wir uns immer noch mit unzureichenden Beobachtungsdaten begnügen. Wir sind jedoch nahe daran, dieses Hindernis zu überwinden. In der nicht allzu fernen Zukunft wird eine große Zahl von Ballonen majestätisch in luftigen Höhen schweben und ihre Messungen von Temperatur, Druck und geographischer Position mittels dünnfilmiger Radiosender zurückfunken. Diese sind auf die Haut der Ballone „aufgedruckt". Ihre Signale können von Satelliten aus überwacht werden. Der Flug dieser Ballone wird die Winde in den Atmosphärenregionen vermessen, die weder von Vögeln noch von Flugzeugen beflogen werden, die jedoch den ursprünglichen Anstoß für zukünftige Wetterentwicklungen über weit entfernten Gebieten der Erde in sich bergen können.

Strahlströme in der „Abwaschschüssel"

Wir können uns nunmehr die Frage stellen: Warum finden wir den subtropischen Jet-Stream bei 30° Breite? Warum dehnt sich die Meridionalzirkulation nicht bis zum Pol hin aus? Die Antwort auf diese Fragen ist sehr einfach. Gemäß der Gleichung (24) ist der Drehimpuls einer Masseneinheit, die soeben den Äquator verläßt, $G_1 = R^2 \cdot \Omega = 295{,}980 \times 10^7$ m² · Radiane · sec⁻¹. Würde dieses Luftpaket unter Beibehaltung dieses Drehimpulses bis zum Pol wandern, so wären seine Rotationsverhältnisse bei Ankunft am Pol gegeben durch $G_1 = G_2 = (R \cdot \cos \Phi_2)^2 \cdot \Omega_2$. Da jedoch am Pol $\Phi_2 = 90°$ ist und demzufolge $\cos \Phi_2 = 0$, so muß also $(R \cdot \cos \Phi_2)^2$ ebenfalls 0 sein. Um die Bedingung zu vervollständigen, daß $295{,}980 \times 10^7 = 0 \times \Omega_2$, müßte der Wert für Ω_2 unendliche Größe

annehmen. Ein Orkan von unvorstellbarer Windgeschwindigkeit
müßte ständig am Pol wehen. Da dieser unermeßlich starke Jet-
Stream jedoch den Pol umkreisen müßte, würden wir nur in
geringer Distanz vom Pol Winde aus entgegengesetzter Richtung
antreffen. Mit anderen Worten, über jedem der beiden Erdpole
müßte ständig ein gigantischer Tornado wüten. Die horizontale
Windscherung müßte enorme Ausmaße annehmen und würde
starke Turbulenz hervorrufen. Der ganze Jet-Stream müßte daher
in Wirbel von verschiedener Größe zusammenbrechen.

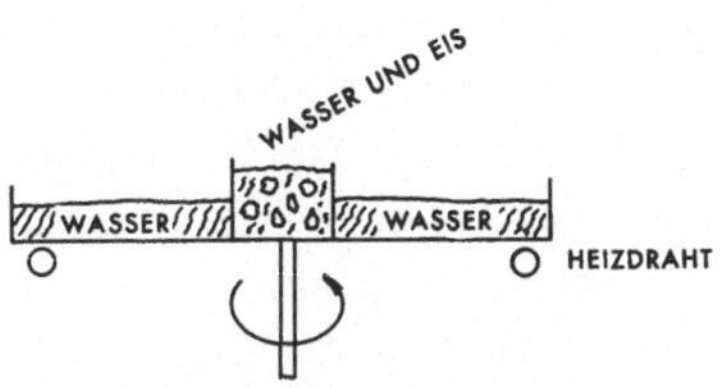

Abb. 52. Schematischer Querschnitt durch eine rotierende Wasserschüssel,
wie sie in geophysikalischen Modellexperimenten zur Nachahmung atmosphärischer Zirkulationssysteme verwendet wird

Wir können diesen Vorgang in Laboratoriumsexperimenten,
den sog. „disphan" oder „Waschschüssel"-Experimenten beobachten.
Eine mit Wasser gefüllte Schüssel rotiert um eine feste Achse. Ein
Kupferzylinder im Mittelpunkt der Waschschüssel wird mit einer
Eis-Wasser-Mischung beschickt und repräsentiert somit den „kalten Pol". Am Boden der Waschschüssel läuft an deren äußerem
Rand eine Heizspirale entlang, die den „heißen Äquator" andeutet (Abb. 52). Obwohl die Waschschüssel flach ist, besitzt sie die
folgenden wichtigen Charakteristika, die auch der Erdatmosphäre
eigen sind: 1. Der Temperaturunterschied zwischen „Äquator" und
„Pol" ruft einen meridionalen Wärmetransport hervor; 2. da sich
das ganze System in Rotation befindet, muß mit der Wärmeenergie auch Drehimpuls transportiert werden. Die Kombination dieser Transportprozesse verursacht die Strahlströme.

Wir beginnen das Experiment mit sehr langsamer Rotation,
wesentlich langsamer als die Umdrehungsgeschwindigkeit der Erde
(unter Berücksichtigung des ungeheueren Unterschiedes in den
Dimensionen). Wir beobachten zunächst einen symmetrischen Jet-

Stream mäßiger Stärke in der Nähe des Zylinders mit Kühlwasser am Pol. Erhöhen wir die Umdrehungsgeschwindigkeit, so wird dieser Jet-Stream immer stärker. Zugleich bewegt er sich vom Pol weg, da die Reibungskräfte es verhindern, daß die „Windscherung" in der Nähe des Kühlzylinders zu groß wird. Der Jet-Stream ist immer noch vollkommen symmetrisch in bezug auf den Rotationspol. Eine Zelle meridionaler Zirkulation, so wie sie in Abb. 51 gezeigt wurde, treibt diesen Jet-Stream an, doch reicht sie in unserem Falle nunmehr vom Äquator bis fast zum Pol.

Bei weiterem Anstieg der Rotationgsgeschwindigkeit bricht plötzlich die Symmetrie des Strahlstroms zusammen und geht in ein System von symmetrischen Wellen über; zunächst 2 Wellen, dann 3, 4 usw., je nach der Umdrehungsgeschwindigkeit der Waschschüssel. Es wurden bis zu 7 symmetrische Wellen beobachtet. Dieser Zusammenbruch zeigt an, daß die ursprüngliche Meridionalzirkulation nicht mehr in der Lage ist, Wärmeenergie und Drehimpuls in genügender Menge polwärts zu transportieren. Horizontale „Wirbel" müssen in diesem Transportprozeß mithelfen. Sie tun dies, indem sie warmes Wasser in der südwestlichen Strömung polwärts transportieren und kaltes Wasses im nordwestlichen Strom gegen den Äquator hin verfrachten.

Diese horizontalen Wirbel in der Waschschüssel haben ihre analogen Partner in den großen Zyklonen und Antizyklonen der Atmosphäre. Wir begreifen nunmehr, wie wichtig die Stürme und Orkane sind, die mitunter über den Kontinenten und Ozeanen toben. Sie mögen Mensch und Tier oft hart bedrängen, doch zur gleichen Zeit tragen sie die Bürde des Wärme- und Impulstransportes, der unsere atmosphärischen Witterungsverhältnisse aufrecht erhält. Ohne diesen Transport könnte die Atmosphäre ihr klimatisches Gleichgewicht nicht über die Jahrhunderte hin beibehalten. Wenn daher in der Schneesturmsaison unsere Gas- oder Stromrechnung bedenklich hochklettert, oder wenn die Klimaanlagen während einer sommerlichen Hochdruckwetterlage auf Hochtouren laufen, sollten wir über unseren finanziellen Sorgen die Pluspunkte nicht vergessen: Es sind diese großräumigen Wettersysteme, die letzten Endes unsere Kontinente bewohnbar machen.

Tafel VIII zeigt ein Bild einer symmetrischen Dreiwellenanordnung eines Strahlstroms in einer „Waschschüssel". Solche Fotos

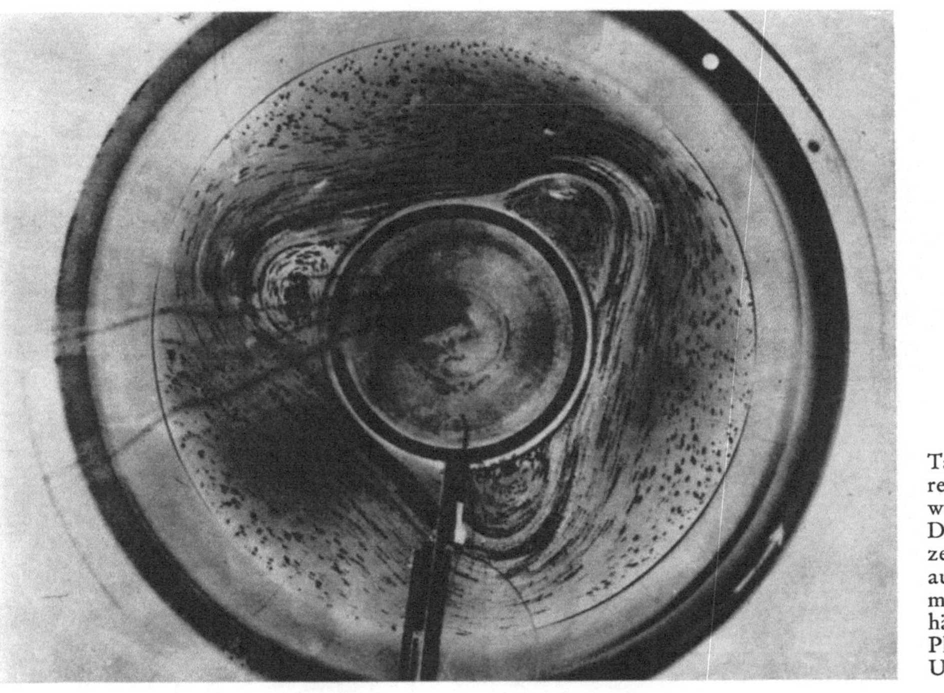

Tafel VIII. In einer rotierenden „Abwaschschüssel" wurde eine symmetrische Dreiwellenanordnung erzeugt. Aluminiumpulver auf der Wasseroberfläche macht die Strömungsverhältnisse sichtbar.
Photo: Dr. Dave Fultz, University of Chicago

erhält man dadurch, daß man eine Kamera, welche senkrecht nach unten zeigt, über der „Waschschüssel" anbringt, wobei darauf zu achten ist, daß die Kamera mit derselben Geschwindigkeit wie die Schüssel rotiert. Die Kamera erfüllt dabei die Rolle eines Beobachters, der auf der rotierenden Erde steht. Der Fotoapparat sieht dabei die *relative* Bewegung des Wassers in der Waschschüssel, genauso wie ein Beobachter die *relativen* Winde mißt, die sich über die Erde hin bewegen. Die Wasserbewegungen an der Oberfläche

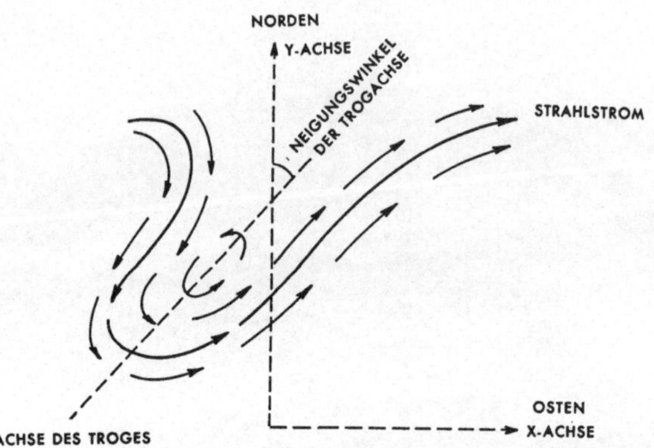

Abb. 53. Geneigte Trogachsen, wie sie hier schematisch angedeutet sind, entwickeln sich im Jet-Stream, wenn das bestehende Zirkulationssystem nicht genügend Wärmeenergie und Drehimpuls transportiert

der Waschschüssel können durch Aluminiumpulver sichtbar gemacht werden. Eine Zeitaufnahme produziert auf dem fotografischen Film einen Strich für jedes sich bewegende Aluminiumteilchen. Wird am Ende dieser Zeitaufnahme ein Blitzlicht entzündet, so erscheint am Ende jedes dieser kleinen Striche ein heller Punkt. Die Länge des Striches zeigt die Geschwindigkeit an, mit welcher sich das Wasser in der Waschschüssel fortbewegt. Der Punkt dagegen markiert die Richtung der Wasserbewegung.

Erhöhen wir die Umdrehungsgeschwindigkeit der Waschschüssel weiterhin, so sind plötzlich die symmetrischen Wellen, die wir oben beschrieben haben, nicht mehr ausreichend, um den Transport von Wärmeenergie und Impuls zu bewerkstelligen. Stark „geneigte" Tröge entwickeln sich im Strahlstrom, die von Nordosten nach Südwesten orientiert sind (Abb. 53 und Tafel IX). Diese

Tafel IX. Asymmetrische, geneigte Wellen entwickeln sich in den Strömungsverhältnissen einer rotierenden „Abwaschschüssel", welche in diesem Experiment keinen polaren Kühlzylinder im Mittelpunkt montiert hatte. Schattierung im Diagramm (unten) deutet Strahlströme an. Dieses Diagramm wurde aus dem Photo (oben) abgeleitet. Photo: Dr. Dave Fultz, University of Chicago

Tröge vergrößern ihre Amplituden, bis sie in isolierte Zyklonen und Antizyklonen zusammenbrechen, die nunmehr von einem neu sich entwickelndem Jet-Steam abgeschnitten sind. Der neue Jet-Stream unterliegt demselben Entwicklungsprozeß (Abb. 54). Dieses

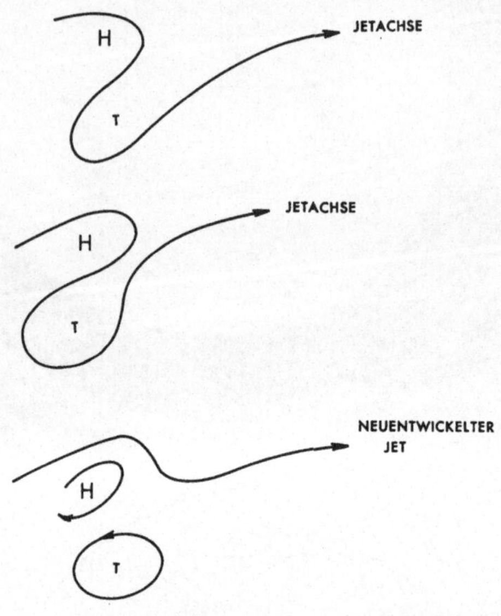

Abb. 54. Abgeschnittene Zyklonen und Antizyklonen entwickeln sich aus dem Strahlstromband und bewirken einen Übergang von „High-Index"- zu „Low-Index"-Wetterlagen

instabile Stadium der Zirkulation in der Waschschüssel ist mit den tatsächlichen Wetterabläufen der Atmosphäre vergleichbar. Hier finden wir ebenfalls Strahlstromsysteme, die gewisse Entwicklungsphasen durchlaufen. Der sog. *high-index,* in dessen Verlauf die Strahlströme nahezu zonal (d. h. nahezu parallel zu den Breitenkreisen) orientiert sind, wechselt mit sog. *low-index* Wetterlagen ab, in welchen Tiefdrucktröge und Hochdruckrücken mit großen meridionalen Amplituden vorherrschen. Offensichtlich ist die Erdatmosphäre nicht in der Lage, den notwendigen Nachschub an Wärmeenergie und Drehimpuls gegen den Pol hin entweder durch

116

einen symmetrischen Strahlstrom oder durch symmetrische Wellen-
anordnungen zu bewerkstelligen. Wäre letzteres der Fall, so würden alle Wettervorhersager ihre Arbeitsplätze verlieren. Das Wetter würde einem derart regelmäßigen Ablauf unterliegen, daß Sie
Ihr Picknick für Jahre im voraus planen könnten.

Die in Abb. 53 gezeigten geneigten Tröge und Rücken können
mit Leichtigkeit große Mengen vom westlichen Drehimpuls polwärts transportieren. An der Vorderseite des Troges herrschen
südwestliche Winde vor, welche anzeigen, daß eine südliche Windkomponente westlichen Impuls nordwärts, gegen den Pol hin,
transportiert. Auf der Rückseite des geneigten Troges wehen die
Winde aus Nordosten. Hier verfrachtet eine nördliche Windkomponente östlichen Drehimpuls gegen Süden hin. In mathematischer und physikalischer Sprache ist dies äquivalent einem
Transport von westlichem Drehimpuls nach Norden. Es helfen
daher beide Seiten eines stark geneigten Troges mit, den nötigen
Betrag an Drehimpuls polwärts zu transportieren.

„Wirbel"-Transport und „Mittlerer" Transport

Wir wollen die vorhin aufgezeigten Bedingungen mathematisch
ausdrücken. In erster Annäherung können wir die Erde als eine
Ebene betrachten, indem wir ihre Kugelkrümmung vernachlässigen.
Wir können in diesem Falle die Bewegungen der Atmosphäre in
einem rechtwinkeligen Koordinatensystem beschreiben, dessen
positive x-Achse nach Osten, und dessen positive y-Achse direkt
gegen den Nordpol hinweist (Abb. 53). Wir können nunmehr
den Windvektor $\vec{v}$, den wir im Kern des Jet-Stream messen, durch
seine West- und Südwindkomponenten u und v ausdrücken (Abb.
55). Der westliche Impuls eines Luftteilchens ist gegeben durch

$$m \cdot u \tag{31}$$

wobei m die Masse des Luftteilchens darstellt und u dessen westliche Geschwindigkeitskomponente. Der Polwärtstransport dieses
westlichen Impulses kann dadurch berechnet werden, indem wir
den Impuls $m \cdot u$ mit der Geschwindigkeitskomponente v multi-

plizieren, mit welcher dieser Impuls nordwärts getragen wird. Wir erhalten dadurch

$$m \cdot u \cdot v \tag{32}$$

für den Polwärtstransport von Impuls [4].

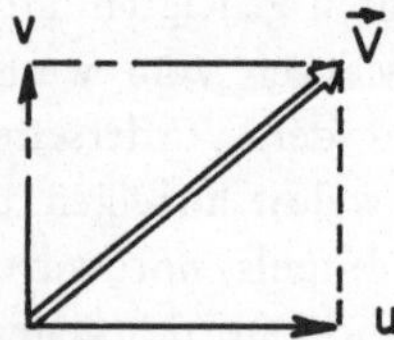

Abb. 55. Der Windvektor $\vec{V}$ kann in seine Komponenten u und v zerlegt werden. u ist die Westwindkomponente, v die Südwindkomponente

Ein Ostwind besitzt eine negative u-Komponente der Strömung, da er in der Richtung der negativen x-Achse fließt. Aus demselben Grund besitz ein Nordwind eine negative v-Komponente. Der Transport von Impuls, der durch einen Nordostwind

---

4 Der *Transport* oder *Fluß* gibt die Geschwindigkeit an, mit welcher eine gewisse Eigenschaft in eine gewisse Richtung hin transportiert wird. Anstelle des westlichen Impulses ($m \cdot u$) könnten wir z. B. Leute auf einem Skilift transportieren. Wir wollen annehmen, daß der Sessellift eine Kapazität von 2 Personen pro 20 m Kabellänge aufweist. Anstelle der Transportgeschwindigkeit v des Nordwärtstransportes von Impuls betrachten wir nunmehr die Geschwindigkeit c, mit welcher sich das Kabel des Sesselliftes hügelauf bewegt. Diese Geschwindigkeit wollen wir mit 2 m/sec annehmen.

Die Geschwindigkeit, mit welcher die Schifahrer auf dem Gipfel des Hügels abgeladen werden, entspricht dem Transport oder dem Fluß von Passagieren entlang der Strecke des Sesselliftes. Wir können diese folgendermaßen berechnen:

$$\left(\frac{2 \,\text{Personen}}{20\,\text{m}} \right) \times 2 \,\text{m/sec} = \frac{1 \,\text{Person}}{5\,\text{sec}} \, .$$

Wollen wir westlichen Impuls anstelle von Skihäschen transportieren, so folgen wir einer ganz analogen Rechnungsweise:

$$(m \cdot u) \times v = \text{Nordwärtsfluß oder Transport,}$$

$\downarrow \qquad \downarrow$ Geschwindigkeit des Transportes

Größe, die transportiert werden soll

auf der Rückseite eines Troges bewerkstelligt wird, so wie dies in Abb. 53 gezeigt wurde, läßt sich daher berechnen als

$$[m \cdot (-u)] \cdot (-v) = m \cdot u \cdot v.$$

(33)

Geschwindigkeit des Transportes
Größe, die transportiert wird

Soll daher westlicher Impuls oder westlicher Drehimpuls nordwärts transportiert werden, so müssen in der allgemeinen Zirkulation der Atmosphäre v-Komponenten der Strömung vorhanden sein. Aus der vorangegangenen Diskussion ersehen wir, daß derartige v-Komponenten in zwei verschiedenen Weisen betrachtet werden können:

1. Durch *Luftschichten*, welche sich in der Tropopausennähe gegen den Pol hin bewegen und in der Nähe des Erdbodens gegen den Äquator hin fließen. Derartige Bewegungen könnten in den tropischen und subtropischen Gebieten unserer Erde rings um beide Hemisphären aufrecht erhalten werden, wobei ein großes meridionales *Zirkulationsrad* erzeugt wird, so wie es in Abb. 51 angedeutet wurde. Selbst wenn wir nur die *mittleren* Bewegungsverhältnisse in einer Meridionalebene betrachteten, wobei wir die Strömungsverhältnisse über alle geographischen Längen mitteln, würden wir immer noch eine positive v-Komponente in der Nähe der Tropopause und eine negative v-Komponente in der Nähe des Erdbodens finden. Wir haben bereits früher angedeutet, daß diese mittlere Bewegung einen äußerst effektvollen Mechanismus darstellt, mit dem Strahlströme durch eine Erhaltungstendenz des absoluten Drehimpulses erzeugt werden. Da derartige Transportprozesse sogar in *mittleren* meridionalen Querschnitten durch die Atmosphäre auftreten, nennen wir diese Art des Impulstransportes den Transport durch die *mittlere Meridionalzirkulation*.

2. So wie die Rotationsverhältnisse auf unserer Erde liegen, ist die mittlere Meridionalzirkulation nicht in der Lage, einen ausreichenden Transport von Impuls und Wärmeenergie in mittlere und höhere Breiten zu bewerkstelligen, um ein klimatisches Gleichgewicht in der Atmosphäre aufrecht zu erhalten. Die symmetrischen „Zirkulationsräder" brechen daher zusammen, und es entwickeln sich Tröge und Rücken im Strahlstrom. Diese Tröge und

Rücken sind mit Zyklonen und Antizyklonen verbunden. Betrachten wir die Atmosphäre in diesen geographischen Breiten, so finden wir, daß Gebiete mit Nordwärtsströmung und Südwärtsströmung abwechseln. Wir finden somit positive und negative v-Komponenten der Bewegung in der Atmosphäre. Addieren wir alle diese Komponenten und bilden wir den Mittelwert daraus, um auf diese Weise die mittleren meridionalen Strömungsverhältnisse zu berechnen, so stellen wir fest, daß diese nahezu Null ergeben, da sich die positiven und negativen Teile der v-Komponenten gegenseitig nahezu aufheben, wenn wir sie rund um die Hemisphäre mitteln. Das bedeutet also, daß die *mittleren* Strömungsverhältnisse kaum einen Impuls gegen den Pol hin transportieren (siehe z. B. Abb. 38). Da jedoch häufig große Werte der u-Komponente mit positiven Werten der v-Komponente gekoppelt sind (starke Südwestwinde) und andererseits kleine, oder sogar negative Werte der u-Komponente dann auftreten, wenn v ebenfalls negativ ist, so wie wir dies in stark geneigten Trögen und Rücken feststellen können (schwache Nordwest- oder Nordostwinde), wird das Produkt „$u \cdot v$", wenn um die ganze Hemisphäre herum addiert und gemittelt, stark positiv sein. Wir können diese Mäander im Strahlstromband als große Wirbel in der Zirkulation der Atmosphäre auffassen, welche etliche tausend Kilometer Durchmesser besitzen. Dies sind die typischen Dimensionen von sehr großen Zyklonen und Antizyklonen. Der Impulstransport der durch diese Wirbel bewerkstelligt wird, heißt deshalb *Wirbeltransport (Eddy-Transport)*.

Wir können daher feststellen, daß beide Arten des Transportes — der *mittlere Meridionalzirkulationstransport* und der *Wirbeltransport* — *zusammen* die Aufgabe bewerkstelligen, genügend Drehimpuls und Wärmeenergie polwärts zu verfrachten. In tropischen Breiten ist der Transport durch die mittlere Meridionalzirkulation ausschlaggebend. In mittleren und höheren Breiten überwiegt dagegen der Anteil des Wirbeltransportes. Beide Transportprozesse zusammen halten die großräumigen Bewegungen der Atmosphäre aufrecht und „füttern" die Strahlströme mit Energie.

Kapitel VI

Die Schachtel der Pandora

Das Berufsleben eines Meteorologen wäre verhältnismäßig einfach, könnten wir die Diskussion der Strahlströme hier abbrechen. Wir hätten uns nur mit einem einzigen Jet-Stream zu befassen, und wir könnten seine Entstehung und Aufrechterhaltung und die Tendenz zur Erhaltung des Drehimpulses erklären. Die bahnbrechenden Entdeckungen der Bomberpiloten des zweiten Weltkrieges wären somit auch theoretisch enträtselt. Sie könnten sogar durch Laboratoriumsexperimente mittels rotierender Wasserbecken veranschaulicht und verifiziert werden.

Leider ist die Atmosphäre jedoch nicht mit derart klaren und einfachen Lösungen zufrieden. Kaum war der Jet-Stream „geboren", bemerkten die Meteorologen, daß die Atmosphäre eine Reihe von Windsystemen enthält, die alle gemäß der in Kapitel I angeführten Definition durch die World Meteorological Organization die Bedingungen eines Strahlstromes erfüllen.

Je höher unsere Meßinstrumente mittels Ballonen und Raketen in die Atmosphäre vorstoßen, je genauer und zuverlässiger unsere Meßdaten wurden, desto mehr Details, aber auch desto mehr Probleme, die den Jet-Stream umgeben, wurden ans Tageslicht befördert. Heute, zwei Jahrzehnte nach der Entdeckung der unerwartet schnellen Luftströmungen über Japan und über dem Mittelmeer, versuchen Wissenschaft und Forschung immer noch so manches Geheimnis der atmosphärischen Strömungsverhältnisse zu entwirren.

Der Strahlstrom als „Pausen"-Phänomen

In der Bemühung, einige Ordnung in die Vielfalt der Strahlstromsysteme zu bringen, bedienen wir uns der verschiedenen

Schichten und „Pausen" in der Struktur der Atmosphäre, die wir in Kapitel I kennenlernten. Wir beginnen zunächst mit der *Troposphäre* und ihrer oberen Begrenzung, der *Tropopause.* Wie bereits erwähnt, liegt die Tropopause über dem Äquator bei etwa 16 km, über dem Pol jedoch bei nur etwa 8 km Höhe. Die troposphärischen Temperaturen sind am Äquator relativ hoch (Temperaturen an der Erdoberfläche bewegen sich im Jahresdurchschnitt bei etwa 30 °C), am Pol jedoch relativ niedrig (im Jahresmittel etliches unter dem Gefrierpunkt). Die untere Stratosphäre ist jedoch über dem Äquator kalt (hauptsächlich deshalb, wiel sie relativ hoch liegt und weil die Temperatur in der Troposphäre mit der Höhe abnimmt) und über dem Pol verhältnismäßig warm (während des Sommers wesentlich wärmer als über dem Äquator, da die Atmosphäre in hohen geographischen Breiten zu dieser Jahreszeit 24 Std am Tag Sonnenstrahlung empfängt).

Kalte Luft ist dichter als warme Luft, sie ist daher auch schwerer. Der Luftdruck nimmt in Kaltluft rascher mit der Höhe ab als in Warmluft. Den Grund hierfür können wir leicht einsehen, wenn wir zwei Gefäße betrachten, von denen eines mit Wasser, das andere bis zur gleichen Höhe mit Quecksilber gefüllt ist. Der „Druck" ist nichts anderes als das Gesamtgewicht einer Flüssigkeitssäule (oder Luftsäule), die auf der Grundfläche mit dem Querschnitt einer Flächeneinheit aufruht. An der Obergrenze der Flüssigkeit ist der Druck in beiden Gläsern Null [1]. Berücksichtigen wir, daß die *Dichte* gleich der Masse von 1 cm³ der Flüssigkeit ist, und daß das *Gewicht* gleich der Masse mal der Schwerebeschleunigung ist, so können wir den Druck ausdrücken als

Druck = Höhe der Flüssigkeitssäule (in cm) $\times$ Dichte $\times$
$\times$ Schwerebeschleunigung

oder

$$P = h \times \varrho \times g. \tag{34}$$

In der meteorologischen Symbolik benützen wir für gewöhnlich den griechischen Buchstaben ϱ (Rho) als Zeichen für die Dichte.

---

1 Genau genommen ist der Druck hier nicht Null, sondern gleich dem Luftdruck, der auf beide Gefäße mit gleicher Stärke einwirkt, falls die Gefäße in gleicher Höhe nebeneinander stehen. Der Effekt des Luftdruckes kann daher in der folgenden Diskussion vernachlässigt werden.

Die Dichte des Wassers ist annähernd gleich Eins. In unserer geographischen Breite ist die Schwerebeschleunigung etwa 980 cm/sec². Der Druck am Boden eines Glases, das 10 cm hoch mit Wasser gefüllt ist, beträgt daher

$$P = 10 \text{ cm} \times \frac{1 \text{ g}}{\text{cm}^3} \times 980 \text{ cm/sec}^2 \qquad (35)$$

oder 9800 g/cm/sec².

Die Dichte von Quecksilber beträgt annähernd 13,6 g/cm³. Der Druck am Boden des mit Quecksilber 10 cm hoch gefüllten Glases ist somit

$$P = 10 \text{ cm} \times \frac{13,6 \text{ g}}{\text{cm}^3} \times 980 \text{ cm/sec}^2 \qquad (36)$$

oder 133 280 g/cm/sec².

Da der Druck am Boden des mit Quecksilber gefüllten Glases 13,6mal größer ist als der Druck am Boden des Wasserglases, während der Druck an der Oberfläche beider Gläser gleich ist, muß also der Druck im Innern der Quecksilbersäule rascher mit der Höhe abnehmen als im Innern des Wasserglases.

Die Dichte der Luft beträgt im Meeresniveau bei 0 °C etwa 0,0013 g/cm³, bei 30 °C jedoch etwa 0,00115 g/cm³. Der Unterschied ist zwar nicht so groß wie zwischen Quecksilber und Wasser, doch ist er immerhin bedeutsam.

Mit dem, was wir bisher abgeleitet haben, können wir einen schematischen Querschnitt von Pol zu Pol zeichnen, der hypothetische Druckflächen andeutet (Abb. 56). An der Erdoberfläche finden wir Hochdruck (oder antizyklonale) Bedingungen über dem Pol und ein Tiefdruckgebiet über dem Äquator. Dies entspricht der Verteilung von kalten und warmen Temperaturen [2]. Dieser Luftdruckunterschied stimmt mit der Tatsache überein, daß kalte Luft dichter ist und daher pro Kubikzentimeter mehr wiegt als warme Luft.

Da der Druck in kalter Luft mit der Höhe schneller abnimmt als in warmer Luft, sind die konstanten Druckflächen in Kaltluft stärker gedrängt als in Warmluft. Zwar neigen sich die Flächen konstanten Druckes in der Nähe der Erdoberfläche von Norden

---

2 Wir wollen hier zunächst die „Anhäufung" von Luftmassen vernachlässigen, die wir auf Seite 106 beschrieben haben und die den Hochdruckgürtel in subtropischen Breiten erzeugt.

nach Süden (Abb. 56), doch kehrt sich dieser Gradient in der mittleren Troposphäre in eine Neigung von Süden nach Norden um, hervorgerufen durch den Unterschied in der vertikalen Drängung der Isobarenflächen. In einer Höhe von etwa 5 km finden wir z. B. tieferen Druck über dem Pol (dort wo wir in der Nähe der Erdoberfläche antizyklonale Bedingungen vortrafen) als über dem Äquator. Entsprechend wird die 500 mb-Fläche über dem Pol in geringeren Höhen vorgefunden als über dem Äquator. Wir können daher nun erklären, warum Tiefdruckgebiete in der oberen Troposphäre *kalt* sind und Hochdruckgebiete warm.

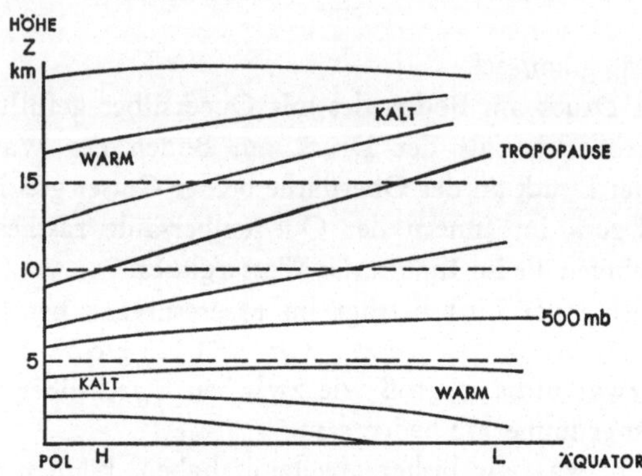

Abb. 56. Die Druckverhältnisse kehren sich zwischen Boden und oberer Troposphäre um, denn in kalter Luft nimmt der Druck rascher mit der Höhe ab als in warmer Luft

Die Neigung der konstanten Druckflächen von Süden nach Norden nimmt mit der Höhe zu, bis wir die Tropopause erreichen. Oberhalb der Tropopause finden wir eine Umkehrung der Temperaturverteilung: warme Verhältnisse herrschen über dem Pol, kalte über dem Äquator. Diese Umkehr ist einigermaßen durch die Temperaturverteilung der 250 mb-Fläche angedeutet, die in Abb. 35 gezeigt wurde. Entsprechend nimmt die Neigung der Flächen konstanten Druckes allmählich mit der Höhe oberhalb der Tropopause ab, zumindest während des Sommers, wenn die polare Stratosphäre 24 Std lang am Tag von der Sonne beschienen wird. Warum? In einer warmen Stratosphäre sind die Druckflächen in

124

vertikaler Richtung weniger dicht gepackt als in einer kalten Stratosphäre.

Wir bemerkten vorhin, daß die Winde nicht einfach vom Hochdruckgebiet ins Tiefdruckgebiet fließen. Sie versuchen dies zwar, doch werden sie durch die Erdrotation abgelenkt — nach rechts hin in der Nordhemisphäre, nach links hin in der Südhemisphäre. Wenn schließlich Gleichgewicht zwischen Druckgradient und der ablenkenden Kraft der Erdrotation erreicht ist, strömen die Winde parallel zu einer Konturlinie (Linie konstanter Höhe einer Isobarenfläche) und umkreisen Tiefdruckgebiete in der Nordhemisphäre entgegen dem Uhrzeigersinn, Hochdruckgebiete im Uhrzeigersinn. (In der Südhemisphäre ist dieser Umlauf der Luftströmung umgekehrt.) Diese Winde, welche parallel zu Konturlinien strömen, nennen wir *geostrophische* Winde (Seite 74). Trotz dieses Parallelströmens ist die treibende Kraft, welche diese Winde in Bewegung hält, der horizontale Druckgradient. Je steiler die Neigung der Fläche konstanten Druckes zwischen Hoch- und Tiefdruckgebiet ist, desto schneller versuchen die Winde „hügelab" zu stürzen, und um so schneller werden sie von der Erddrehung abgelenkt und in eine Strömungsrichtung parallel zu den Konturlinien gezwungen (vgl. Abb. 33 und 34).

Kehren wir zu Abb. 56 zurück. Wir finden, daß in der Nähe des Poles und nahe an der Erdoberfläche die Luftbewegung den südwärts geneigten Flächen gleichen Druckes zu folgen sucht. Eine Ablenkung nach rechts hin erzeugt daher Ostwinde in hohen geographischen Breiten in der Nähe der Erdoberfläche.

Im Niveau, in dem die Flächen konstanten Druckes horizontal verlaufen, herrscht Windstille. Oberhalb dieses Niveaus gibt die Neigung der Druckflächen von Süd nach Nord Anlaß zu Westwinden. Nimmt die Neigung mit der Höhe zu, so nimmt auch die Geschwindigkeit dieser Westwinde zu. Maximale Neigung wird in der Nähe der Tropopause erreicht. Die stärksten Westwinde finden wir daher ebenfalls im Tropopausenniveau. Wir können daher in guter Annäherung die Tropopause als das Niveau definieren, in welchem Strahlströme vorkommen können. Diese Strahlströme können wir daher als *Tropopausen-Jets* klassifizieren.

Wir stellen weiterhin fest, daß der polwärts gerichtete Transport von Drehimpuls, den wir im vorangehenden Kapitel beschrieben haben, am stärksten in der Nähe der Tropopause ausgeprägt ist (Abb. 48). Der Strahlstrom, der durch die Tendenz zur Beibehaltung von absolutem Drehimpuls angetrieben und aufrechterhalten wird, befindet sich aus diesem Grunde ebenfalls in der Nähe des Tropopausenniveaus.

Wir haben bereits vorhin bemerkt, daß die Verhältnisse in der Atmosphäre nicht ganz so einfach sind, denn wir müssen uns mit Druckkräften abfinden, die die Erhaltung des Drehimpulses beeinträchtigen. Derartige Druckkräfte werden durch die Nachbarschaft von kalten und warmen Luftmassen erzeugt. Liegen diese Luftmassen entlang eines Breitenkreises nebeneinander, und nicht nur entlang eines Meridians, so bedeutet dies, daß Tröge und Rücken in der Luftdruckverteilung vorhanden sind und zu einer Wirbelbewegung (Eddy-Bewegung) im Strahlstrom Anlaß geben. Diese haben wir ebenfalls im vorangehenden Kapitel beschrieben.

Wir finden, daß die Temperatur nicht allmählich zwischen Äquator und Pol abnimmt, so wie dies in Abb. 56 angenommen wurde, sondern daß der Hauptanteil dieses Temperaturunterschiedes zwischen Luftmassen polaren und tropischen Ursprungs in engen Bändern konzentriert ist, den sog. *Fronten.*

Mit einem derartig scharfen Unterschied in der Temperatur wird die Druckverteilung ebenfalls viel stärker variieren, als dies in Abb. 56 angedeutet wurde. Der größte Teil des horizontalen Druckgradienten ist in und oberhalb der Frontalzone konzentriert, wo die Unterschiede in den Temperaturen einen Unterschied in der vertikalen Packung der Flächen konstanten Druckes vorschreiben. Diese Bedingungen sind in etwas übertriebener Weise in Abb. 57 angedeutet. Da die Neigung der Flächen konstanten Druckes die Stärke des geostrophischen Windes bestimmen, müssen wir das Vorhandensein von *Strahlströmen über jeder Frontalzone erwarten.* Diese Jet-Streams erreichen maximale Windgeschwindigkeiten im Tropopausenniveau. Die in Abb. 40 und 42 gezeigten Querschnitte stellen dies klar unter Beweis.

Falls die Kaltluft über dem Pol eine rotationssymmetrische „Blase" bilden würde, die von der tropischen Luft durch eine Frontalzone getrennt wäre, welche die ganze Erdkugel umschließt, müßten wir erwarten, daß wir einen symmetrischen Jet-Stream im Tropopausenniveau vorfänden, der ebenfalls um die ganze Erde bläst (Abb. 58). Dieser Jet-Stream würde seine Energie von den Druckkräften empfangen, welche zwischen Kaltluft und Warmluft vorherrschen. Die Kaltluft versucht unter die warme Tropik-

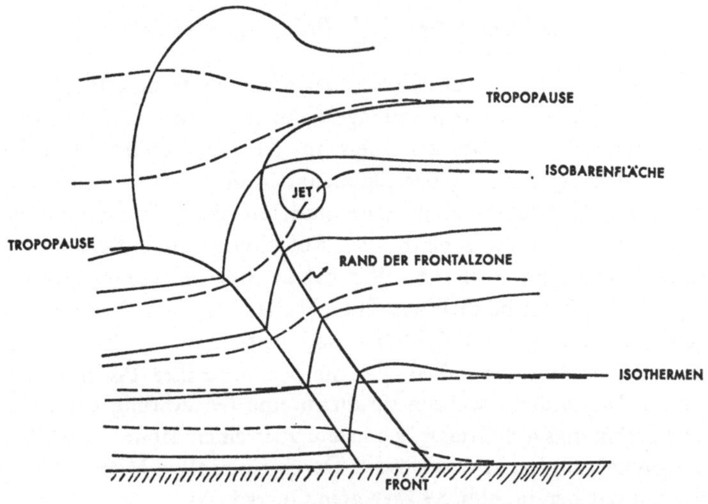

Abb. 57. Im Bereich einer Frontalzone bewirken die starken Temperaturgegensätze ein starkes Gefälle der Flächen konstanten Druckes. Ein relativ schmales Band mit starken Winden entwickelt sich in der oberen Troposphäre — der Strahlstrom

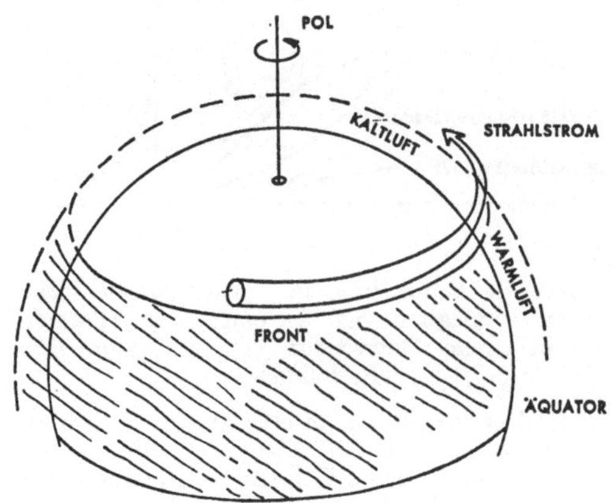

Abb. 58. Der Strahlstrom liegt über der Grenzfläche zwischen kalter und warmer Luft

luft abzusinken; letztere versucht über die Kaltluft aufzusteigen.
Diese Bewegung würde den gemeinsamen Schwerpunkt beider
Luftmassen erniedrigen und dadurch *potentielle Energie* freiset-
zen [3].

„Subtropische" und „Polarfront"-Jets

In Wirklichkeit ist die Grenze zwischen Kalt- und Warmluft
nicht symmetrisch, sondern schlängelt sich in Form von Tiefdruck-
trögen und Hochdruckrücken rings um die Hemisphäre. Dasselbe
gilt für den Strahlstrom, der die mäandernde Frontalzone beglei-
tet. Diese Wellenbewegung tritt auch in den „Waschschüssel-
Experimenten" auf, sobald die Rotationsgeschwindigkeit der
Schüssel genügend groß ist. Wir haben dies im vorangehenden
Kapitel eingehend beschrieben. Die „Wellen" in der Waschschüssel
entsprechen den großen Zyklonen und Antizyklonen, die wir auf
den Wetterkarten feststellen. Da die Mäander ihre Position von
Tag zu Tag ändern, werden sie durch eine Betrachtung der *mittleren* Strömungsverhältnisse, gemittelt über einen Monat oder über
eine ganze Jahreszeit, ausgelöscht. Durch eine solche Mittelbildung
erhalten wir den in Abb. 59 gezeigten Querschnitt.

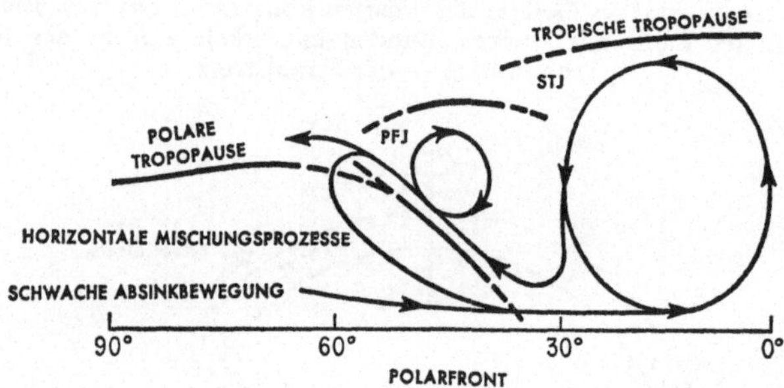

Abb. 59. Schematische Darstellung der meridionalen Zirkulationszellen
und der beiden wichtigsten Strahlstromsysteme (Polarfront-Jet und
Subtropen-Jet) in einem Querschnitt vom Pol zum Äquator. (Nach
E. Palmèn)

---

3 Dies ist die Energie, die durch eine Masse, die sich in einer gewissen Höhe befindet, gespeichert wird. Die potentielle Energie des Wassers
in einem Reservoir hoch oben im Gebirge beliefert ein Elektrizitätswerk
unten im Tal mit einem reißenden Strom von kinetischer Energie, wenn
die Wassermassen, die ursprünglich im Niveau des Reservoirs waren,
zum tieferen Niveau des Elektrizitätswerkes abstürzen.

Wir finden nunmehr *zwei* westliche Strahlströme im Tropopausenniveau. Beide haben den Charakter von Tropopausen-Jet-
Streams. Der südliche der beiden Ströme wird durch den Transport
von Drehimpuls aufrecht erhalten, der in der aufsteigenden Kon-
vektionsbewegung über den Tropen mitgeführt wird und sich in
Tropopausennähe in tropischen Breiten nordwärts bewegt. Wie
dies in Kapitel V erläutert wurde, finden wir unter diesem Jet-
Stream den *subtropischen Hochdruckgürtel* mit Luftströmungen,
die an der Erdoberfläche divergieren und deshalb jede Wetterfront
auflösen. Dieser Strahlstrom wird daher *Subtropen-Jet* genannt.
Die stärksten Winde treten in ihm in einer Höhe von etwa 13 bis
14 km auf. Dieser Strahlstrom besitzt keine Frontalzone in Bodennähe. Winde im Jet-Maximum können bis zu 250 Knoten und
mehr erreichen, besonders über Japan, wo die amerikanischen
Bomberpiloten in Schwierigkeiten gerieten.

Der zweite in Abb. 59 gezeigte Jet-Stream wird in etwas
geringerer Höhe, bei etwa 10 km, angetroffen. Er fließt über einer
gut ausgeprägten Frontalzone, der sog. *Polarfront.* Wir nennen
ihn daher den *Polarfront-Jet.* Dieser Strahlstrom bringt das wechselhafte Wetter und die Schneestürme mit sich, die wir sowohl
über den Vereinigten Staaten als auch über Europa antreffen.

Da wir schon einmal dabei sind, uns mit Details zu befassen,
so können wir auch erwähnen, daß der starke Temperaturkontrast
zwischen äquatorialen und polaren Luftmassen in mehreren Frontalzonen konzentriert sein kann, statt nur in einer einzigen. Jede
dieser Fronten führt ihren eigenen Jet-Stream mit sich. Meteorologen unterscheiden daher u. U. zwischen Arktikfront-Jet-Stream
(im Zusammenhang mit der Front zwischen kalter Arktikluft und
mäßig kühler Polarluft) und Polarfront-Jet-Stream (im Zusammenhang mit der Front zwischen Polarluft und Tropikluft). Diese
Strahlströme sind einander in Ursprung, Natur und Verhalten
sehr ähnlich.

Einiges über Energie

Wir sollten uns an dieser Stelle einmal die bedeutsame Rolle
dieser beiden Strahlströme in der allgemeinen Zirkulation der
Atmosphäre vor Augen führen. Die antreibende Kraft dieser

Zirkulation ist die Sonnenenergie, die hauptsächlich an der Erdoberfläche in niedrigen geographischen Breiten empfangen wird.
Sollte über die Jahrhunderte hinweg ein klimatisches Gleichgewicht
erhalten bleiben, so muß derselbe Energiebetrag von der Atmosphäre an den Weltraum abgegeben werden. In hohen geographischen Breiten überwiegt dieser Energieverlust über den Gewinn
durch absorbierte Sonnenstrahlung. Die Unterschiede in der Strah-
lungsbilanz, die mit geographischer Breite auftreten, führen zu
einer Temperaturverteilung, ähnlich wie sie in Abb. 56 angedeutet
wurde. Wir finden eine warme Troposphäre über dem Äquator,
eine kalte Troposphäre über dem Pol.

Der Temperaturunterschied zwischen Äquator und Pol stellt
ein Reservoir von *potentieller Energie* dar, denn die Kaltluft besitzt eine Tendenz, sich unter die Warmluft einzuschieben und
dadurch den gemeinsamen Schwerpunkt der gesamten Atmosphäre
zu erniedrigen. Bisher haben wir stillschweigend angenommen, daß
die Strahlungsprozesse rings um eine Hemisphäre symmetrisch verteilt sind (sowohl um die Nordhemisphäre als auch um die Südhemisphäre). Der Aufbau von potentieller Energie, der in diesen
Strahlungsprozessen seinen Ursprung hat, sollte daher ebenfalls
symmetrisch zu jedem der beiden Pole erfolgen. Dies wird ver-
deutlicht, wenn wir die mittleren Temperaturen und die mittleren
Luftdruckverhältnisse, gemittelt längs der Breitenkreise, betrachten. Wir erhalten daraus die mittlere Verteilung der potentiellen
Energie. Wir nennen diese symmetrisch verteilte Form der Energie
die *mittlere potentielle Energie* (MPE).

Diese MPE würde dazu tendieren, eine Meridionalzirkulation
zu erzeugen (Kapitel V) und einen Subtropen-Jet hervorzurufen.
Aus den Waschschüssel-Experimenten wissen wir, daß die ursprüngliche Tendenz einer Meridionalzirkulation dahingeht, ein
Strahlstromband zu verursachen, welches rotationssymmetrisch
zum Erdpol liegt. Diese zur Erdachse symmetrische Luftbewegung
könnte wiederum dadurch veranschaulicht werden, daß wir die
atmosphärischen Windgeschwindigkeiten entlang der Breitenkreise
mitteln. Wir sprechen in diesem Falle von der *mittleren kinetischen
Energie.*

Aus der vorangegangenen Diskussion ersehen wir, daß die
Umsetzung von mittlerer potentieller Energie in mittlere kinetische

Energie einen wichtigen Einfluß auf die Aufrechterhaltung des Subtropen-Jets ausübt (Abb. 60). Aus den Überlegungen, die wir in Kapitel V anstellten, können wir ferner ableiten, daß die aufsteigende tropische Warmluft (welche die mittlere potentielle Energie des ganzen Zirkulationssystemes freisetzt und dadurch mittlere kinetische Energie erzeugt) die Tendenz besitzt, ihren absoluten Drehimpuls zu bewahren, während sie sich polwärts bewegt und dabei eine starke Westwindkomponente erhält.

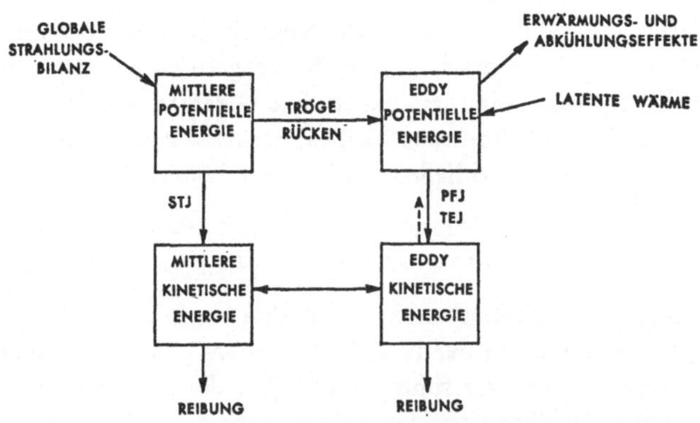

Abb. 60. Der Energiezyklus in der Atmosphäre. STJ bedeutet „subtropischer Jet-Stream", PFJ „Polarfront-Jet" und TEJ „östlicher Strahlstrom der Tropen"

Dies alles mag sehr verwirrend klingen. Was erzeugt nun wirklich den Subtropen-Jet? Ist es die Beibehaltung des Drehimpulses, oder ist es die Auslösung von mittlerer potentieller Energie? Beide Prozesse müssen gleichzeitig erfüllt werden. Wir können unser Dilemma mit dem zweier Personen vergleichen, die in einem Museum eine Statue betrachten. Eine Person sieht das Kunstwerk von seiner Vorderseite, die andere Person von der Rückseite. Beide sehen dieselbe Statue und verstehen ihre Bedeutung und ihren Zweck (außer es handelt sich dabei um ein zeitgenössisches Kunstwerk), obwohl jeder der beiden Betrachter etwas gänzlich Verschiedenes sieht.

In der Betrachtungsweise des Drehimpulses wird die Atmosphäre mit ihren Strahlströmen als abgeschlossenes System angesehen, auf das keinerlei äußere Kräfte einwirken und welches den

Impuls seiner Rotation beibehalten muß. *Innerhalb* dieses Systems jedoch wird durch Bodenreibung Impuls zerstört und erzeugt. (Ostwinde z. B. verlieren durch den Reibungseinfluß am Erdboden östlichen Impuls und gewinnen westlichen Impuls.) Es muß daher Drehimpuls durch die Atmosphäre transportiert werden, um den Verlust und die Erzeugung dieses Impulses in Bodennähe in Gleichgewicht zu halten. Es sind gerade diese Transportprozesse, welche wir in Kapitel V dazu benützten, um den Strahlstrom zu erklären.

Gleichzeitig können wir jedoch feststellen, daß die Bewegungen in der Atmosphäre durch Kräfte hervorgerufen werden, welche einem Energiereservoir entstammen. Die Gesamtenergie der Atmosphäre muß jedoch konstant bleiben, wenn wir drastische Änderungen im Klima ausschließen wollen. Wir können feststellen, daß

Gesamtenergie = potentielle Energie + kinetische Energie +
+ Wärme (oder interne Energie).

Aus dieser Gleichung ersehen wir, daß bei konstanter Gesamtenergie eine Abnahme der potentiellen Energie zu einer Zunahme der kinetischen Energie führen muß. (Da die *interne Energie* in einem fixen Verhältnis zur potentiellen Energie steht, werden wir sie von nun ab nicht mehr gesondert betrachten, sondern sie einfach dem Ausdruck für „potentielle Energie“ einverleiben.) Wir können daher die Existenz von Strahlströmen durch Energieumsetzungen erklären, ohne dadurch unser Konzept über die Beibehaltung des Drehimpulses zu verletzen. Wir betrachten lediglich dasselbe Phänomen — nämlich den Jet-Stream — von zwei verschiedenen Seiten.

Kehren wir nochmals zur Abb. 60 zurück. Bei der gegenwärtigen Rotationsgeschwindigkeit der Erde und bei dem gegenwärtig vorherrschenden Temperaturgradienten zwischen Äquator und Pol kann ein einfaches rotationssymmetrisches Strahlstromband nicht existieren, denn ein derartiges Band könnte, wie wir wissen, nicht genügend Drehimpuls und Wärme transportieren. Die Zirkulation zerbricht daher in Mäander und Wirbel. Zusätzlich zu der einfachen Temperaturverteilung, die in Abb. 56 angedeutet wurde — warm in den Tropen, kalt an den Polen —, finden wir nunmehr in mittleren geographischen Breiten kalte und warme Gebiete

Seite an Seite entlang eines Breitenkreises. Diese Kaltluftmassen können mit kalten Hochdruckgebieten an der Erdoberfläche assoziiert sein. In größerer Höhe jedoch finden wir kalte Tiefdrucktröge im Strahlstromniveau, bewirkt durch die größere Dichte der Kaltluft und durch die dichtere Packung der Flächen konstanten Druckes entlang der Vertikalen. Aus demselben Grunde sind die Hochdruckrücken in der oberen Troposphäre warm (siehe z. B. die Analysen der 250 mb-Karten, die in Kapitel VI gezeigt wurden). Die großen Tröge und Rücken in der oberen Troposphäre sind mit Zyklonen und Antizyklonen an der Erdoberfläche verbunden.

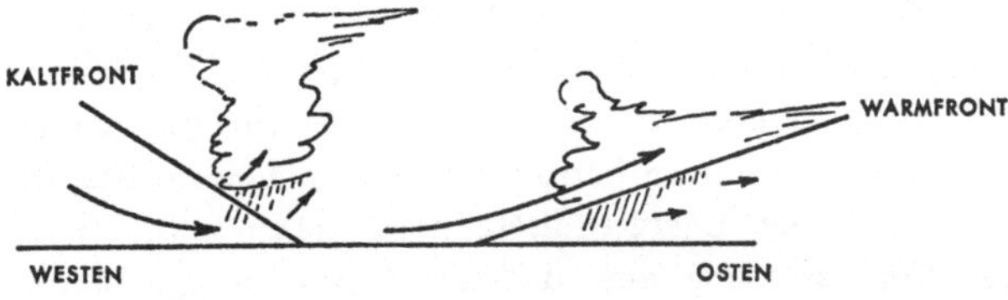

Abb. 61. Darstellung der Frontensysteme, die mit einer Zyklone verbunden sind

Wir haben es also nunmehr mit Wirbeln von warmer und kalter Luft zu tun, die Seite an Seite entlang von Breitenkreisen aufgereiht sind. Wir nennen daher die potentielle Energie, die aus einer derartigen Verteilung resultiert, die *eddy- oder wirbelpotentielle-Energie*.

Wiederum wird die Kaltluft versuchen sich unter die Warmluft einzuschieben, und letztere wird über die Kaltluft aufsteigen. Dieses Auf- und Abgleiten ist typisch für die Fronten der gemäßigten Breiten, die wir in Zyklonen finden: Kaltluft schiebt sich hinter der Kaltfront unter Warmluft ein. Die Frontalbewölkung in diesem Bereich entsteht durch Abkühlung und durch eintretende Kondensationsprozesse in der Warmluft, welche durch den Kaltluftkeil nach oben verdrängt wird. Über der Warmfront gleitet warme Luft über einen sich langsam zurückziehenden Keil von Kaltluft auf. Die Luft kühlt sich dabei ab (Abb. 61) und verursacht Bewölkung und Niederschlag. (Zusätzliche Details über Zyklonen werden wir noch weiter unten kennenlernen.)

Durch die absinkende Kaltluft und die aufsteigende Warmluft wird potentielle Energie freigesetzt und kinetische Energie erzeugt. Letztere tritt nicht ausschließlich in Luftbewegungen von Westen nach Osten in Erscheinung. Es werden auch Südwinde und Nordwinde in dieser Energieumsetzung erzeugt. Wir sehen daher, daß *eddy-(wirbel)-kinetische Energie* in der Atmosphäre in Erscheinung tritt.

Diese Überlegungen können wir ebenfalls an frühere Diskussionen anknüpfen. Wir haben bereits festgestellt, daß große Wirbel in der Strahlstromzirkulation dazu beitragen, mehr Drehimpuls polwärts zu transportieren (besonders dann, wenn die Troglinien von Südwesten nach Nordosten geneigt sind), als eine mittlere Meridionalzirkulation bewerkstelligen könnte. Diese Schlußfolgerung unterstützt das Argument, daß ein Gleichgewicht im Drehimpuls erreicht werden muß, wenn wir die Atmosphäre als abgeschlossenes System betrachten wollen. Unsere Beschreibung und Diskussion der Energieumsetzungen gehen selbstverständlich von der Voraussetzung aus, daß die Gesamtenergie der Atmosphäre erhalten bleibt.

Durch Erwärmungs- und Abkühlungsprozesse verlieren die mäandernden kalten und warmen Wirbel etwas von ihrer Einflußkraft. Die Kaltluft, die sich in einem Trog gegen den Äquator hin bewegt, wird sich in der Regel erwärmen, wenn sie über wärmeres Terrain fließt. Umgekehrt wird die gegen den Pol hinströmende Warmluft etwas von ihrer Wärmeenergie einbüßen, entweder durch Kontakt mit dem kälteren Boden oder durch Ausstrahlung in den Weltraum. Es wird also ein gewisser Anteil der eddypotentiellen Energie, die aus der benachbarten Lage von Kalt- und Warmluftmassen resultiert, verloren gehen, noch bevor sie in eddykinetische Energie umgesetzt werden kann (Abb. 60). Andererseits wird, so wie dies in Abb. 61 skizziert wurde, Kondensation häufiger in warmer, feuchter Luft, die einen Kaltluftkeil überströmt, auftreten, als in der Kaltluft selbst. Jedes Gramm Wasser verbraucht beim Verdunstungsprozeß annähernd 590 cal an Energie. (Dies ist der Grund dafür, warum wir uns kalt fühlen, wenn wir aus einem Schwimmbecken steigen, und warum uns der Schweiß hilft, ein Wüstenklima zu überleben.) Derselbe Wärmebetrag wird an die umgebende Luft abgegeben, wenn der

Wasserdampf in kleine Wolkentröpfchen kondensiert. Wenn diese Tröpfchen in Eiskristalle frieren, werden nochmals 70 cal für jedes Gramm Wasser freigesetzt.

Wir sehen daraus, daß Kondensationsprozesse eine zusätzliche Wärmequelle für die Atmosphäre darstellen. Da diese Wärmeenergie im Wasserdampf „verborgen" ist, bevor Kondensation eintritt und wir diese Energie nicht als „heiß" empfinden, nennen wir sie die *latente Wärme der Kondensation oder Sublimation* (ersteres wenn Wassertröpfchen entstehen, letzterers wenn Eiskristalle aus dem Wasserdampf erzeugt werden). Demgegenüber stellt die *fühlbare Wärme* diejenige Energie dar, die wir als trockene, heiße Luft empfinden. Falls in den vorhin beschriebenen Wirbeln der eddypotentiellen Energieverteilung mehr latente Wärme in den warmen als in den kalten Wirbeln ausgelöst wird, wird die Warmluft stärker erwärmt als die Kaltluft. Die Auslösung von latenter Wärme wird also dazu beitragen, eddypotentielle Energie zu erzeugen, woraus wiederum eddykinetische Energie freigesetzt werden kann.

Zyklonen und Hurrikane

Betrachten wir die stärksten großräumigen Wirbel unserer Atmosphäre, die großen zyklonalen Stürme, so finden wir, daß sowohl die Umsetzung von eddypotentieller Energie als auch das Freiwerden von latenter Wärme als wichtige Energiequellen für die kinetische Energie des Sturmes in Frage kommen. Diese kinetische Energie äußert sich in der zerstörenden Wut der hohen Windgeschwindigkeiten. Die Schneestürme der Zentralebenen Amerikas beziehen ihre Kraft hauptsächlich aus dem Zusammenstoß von kalter Arktikluft, aus Kanada kommend, mit warmer Tropikluft aus dem Golf von Mexiko. Die großen Temperaturunterschiede zwischen diesen beiden Luftmassen bewerkstelligen die Umsetzung von großen Mengen potentieller Energie in kinetische Energie. Ohne Ausnahme sind diese Stürme mit starken Strahlströmen im Tropopausenniveau verbunden, welche meistens aus südwestlicher Richtung blasen und das Zentrum des Sturmes in derselben Richtung von Südwesten nach Nordosten „steuern".

Die tropischen Zyklonen jedoch, besser unter dem Namen *Hurrikane* (über dem Pazifik *Taifune*) bekannt, gehören einer anderen Gattung von Stürmen an. Die Temperaturverteilung ist in den Tropen verhältnismäßig homogen. Es steht daher nur wenig eddypotentielle Energie zur Verfügung, um diese großräumigen und gewaltigen Wirbel zu füttern. Die sintflutartigen Regenfälle, die jedoch mit diesen Stürmen verknüpft sind, konzentrieren sich rings um das *Auge* des Sturmes und stellen durch das Freiwerden latenter Kondensationswärme mehr als genug Energie zur Verfügung, um die tropischen Zyklone am Leben zu erhalten.

Eine östliche Höhenströmung im Tropopausenniveau, die mitunter Jet-Stream-Stärke erreicht, steuert diese tropischen Stürme nach Westen. Die bevorzugte Zugrichtung von Hurrikanen und Taifunen ist daher von Osten nach Westen gerichtet. Stößt eine dieser tropischen Zyklonen mit den Kaltluftmassen polaren Ursprungs zusammen, so muß sie nunmehr gegen den westlichen Strahlstrom ankämpfen, der mit der Front zwischen Kalt- und Warmluft in Verbindung steht. Dieser Jet-Stream wird den tropischen Sturm dazu zwingen, gegen Nordosten hin abzudrehen. Wo immer an der amerikanischen Ostküste oder in Japan die Sturmfahnen gehißt sind, wartet die Bevölkerung mit Spannung auf dieses Abdrehen des Sturmes.

Ab und zu dringt der westliche Strahlstrom weit in niedrige Breiten vor, welche normalerweise für die Ostwinde im Tropopausenniveau, in denen die tropischen Zyklonen wandern, „reserviert" sind; findet eine solche tiefe Intrusion statt, kann es vorkommen, daß ein Hurrikan in einem riesigen Wirbel gefangen gehalten wird, an dessen einer Seite der westliche Strahlstrom und an dessen anderer Seite die äquatorialen Ostwinde fließen. So lange diese beiden entgegengesetzten Strömungen einander das Gleichgewicht halten, befindet sich der Hurrikan inmitten eines Zweikampfes. Er folgt einer anscheinend willkürlichen Zugbahn und spielt mit den Radarbesatzungen und den Aufklärungsflugzeugen Verstecken. Millionen von Zuschauern werden an ihren Fernsehapparaten in Spannung gehalten und warten ungeduldig auf das nächste Wetterbulletin.

Gewinnt der westliche Strahlstrom schließlich die Oberhand — und letzten Endes tut er das fast immer — und der tropische

Sturm beginnt nach Nordosten abzudrehen, kann er unter Umständen einen Teil der kalten Polarluft in seinen Wirbel einbeziehen. Dadurch wird ein neues Reservoir von potentieller Energie verfügbar, das ursprünglich nicht vorhanden war und der Hurrikan oder Taifun kann neuerdings an Intensität zunehmen. Da er jedoch nun ein System von Kalt- und Warmfronten besitzt und dadurch einer Zyklone gemäßigter Breiten ähnlich ist, wird er nicht mehr als tropischer Wirbelsturm betrachtet.

Trifft andererseits ein Hurrikan auf Land auf (z. B. über Mexiko oder der Küste von Texas) bevor er nach Nordosten dreht, so findet er sich plötzlich von seiner Nachschublinie, nämlich dem von der aufgewühlten Ozeanfläche verdunstenden Wasserdampf, abgeschnitten. Dieser Wasserdampf, der in schwere Regenwolken kondensiert, stellt ja die lebensnotwendige latente Wärme der Kondensation zur Verfügung. Der Sturm ist daher zum Tode verurteilt, doch nicht, bevor er eine Bahn der Verwüstung entlang der Küstenebenen zurückläßt.

Nochmals etwas über Energie

Wir wollen noch einmal kurz die Abb. 60 betrachten. Die Umwandlung von eddypotentieller Energie in eddykinetische Energie obliegt hauptsächlich dem Polarfront-Jet, da wir in seinem Bereich Fronten antreffen, entlang welcher Warm- und Kaltluftmassen ohne Schwierigkeiten auf- und abgleiten können.

Diese Fronten stehen im Zusammenhang mit Zyklonen, wie wir auf den vorangehenden Seiten gesehen haben. Durch das Absinken von Kaltluft hinter der Kaltfront und durch das Aufsteigen von Warmluft über der Warmfront wird potentielle Energie durch eine Erniedrigung des gemeinsamen Schwerpunktes beider Luftmassen freigesetzt. Diese potentielle Energie kommt dem Jet-Stream in Form von kinetischer Energie zugute. Wie wir vorhin gesehen haben, stehen Zyklonen mit Höhentrögen im Zusammenhang: Die Strahlströmung verläuft nicht geradlinig von Westen nach Osten, sondern folgt einem mäandernden Verlauf, indem sie zu einem gewissen Grade dem Zuge der Frontallinien an der Erdoberfläche folgt (Abb. 71 im folgenden Kapitel). Die kinetische Energie, die durch die benachbarte Lage von großen Zyklonen und Antizyklonen erzeugt wird, fällt daher hauptsächlich in die Kategorie von eddykinetischer Energie.

Was jedoch geschieht nunmehr mit dieser eddykinetischen Energie? Ein Teil derselben wird durch Reibung am Erdboden verzehrt, ein anderer Teil wird in das Reservoir von eddypotentieller Energie zurückgeführt. Wir beobachten diesen Prozeß häufig auf den Wetterkarten: Ein tiefer Trog entwickelt sich z. B. über den zentralen Vereinigten Staaten. Dieser Trog zwingt den Strahlstrom in eine mäandernde Bahn, welche wiederum die Strömungsverhältnisse über dem Atlantik und über Europa zu weiterer Schleifenbildung veranlaßt.

Ein Teil der eddykinetischen Energie kommt der Aufrechterhaltung der mittleren kinetischen Energie zugute und wird als solche dann durch Reibungskräfte aufgezehrt. Wie wir in Kapitel V gesehen haben, schwankt die atmosphärische Zirkulation zwischen Low-Index- und High-Indexperioden. Während ersterer finden wir Tröge und Rücken mit großen Amplituden im Strahlstromniveau. Während der High-Indexperioden verläuft der Jet-Stream annähernd parallel zu den Breitenkreisen. Offensichtlich gibt es also Perioden, in welchen eddykinetische Energie in mittlere kinetische Energie umgewandelt wird (Übergang von Low- zu High-Index) und andere Perioden, in welchen die zonale Bewegung in großräumige Wirbel zusammenbricht. Dies würde bedeuten, daß mittlere kinetische Energie in eddykinetische Energie umgewandelt wird (Übergang von High- zu Low-Index). Diese Übergangsperioden dauern etwa 2 Wochen an. Dies ist der Grund dafür, warum die Wetterverhältnisse auf unserer Erde so unbeständig sind.

Bei der Diskussion der tropischen Zyklonen erwähnten wir das Auftreten von östlichen Winden in tropischen Breiten in der Nähe des Tropopausenniveaus. Ist die Gegenwart solcher Winde nicht im Widerspruch mit unseren Erwägungen über den Nordwärtstransport von Drehimpuls und mit den Westwinden, die dadurch erzeugt werden? Falls die Zirkulation in den Tropen und Subtropen tatsächlich nur ein einfaches „Rad" darstellen würde, das symmetrisch zur Erdachse liegt (Abb. 51) und das alle Anforderungen an Wärme- und Impulstransport durch Meridionalbewegungen erfüllt, so würden wir tatsächlich nur Westwinde in der oberen Troposphäre erwarten. Die Luftbewegungen würden in diesem Falle durch eine gigantische Spirale dargestellt werden: aufsteigende Bewegung in Äquatornähe, eine nordwärts gerichtete Strömung in der oberen Troposphäre mit zunehmender Westwindkomponente infolge der Aufrechterhaltung des Drehimpulses, absinkende Bewegung unterhalb des subtropischen Strahlstromes und schließlich Rückströmung gegen den Äquator hin in Bodennähe innerhalb der östlichen Passatwinde, die durch Reibung am Erdboden stark abgeschwächt sind. Schließlich wieder aufsteigende Bewegung über dem Äquator usw.

Unter diesen Umständen müßten wir einen einheitlichen Ring hohen Luftdruckes unterhalb des subtropischen Strahlstromes erwarten. Dies ist jedoch in der wirklichen Atmosphäre nicht der Fall. Einer der Gründe dafür ist, daß die Erde zu schnell rotiert und daß die Atmosphäre einen stärkeren Wärme- und Impulstransport beansprucht als eine derartig einfache Zirkulation bewerkstelligen könnte. Außerdem zwingen große Gebirgszüge — die Rocky Mountains, der Himalaya, die Anden — die zonale atmosphärische Zirkulation dazu, sich in mäandernde Schleifen zu legen.

Gebirgseinfluß und schnelle Rotation der Erde bewirken es, daß der Hochdruckgürtel unterhalb des Subtropen-Jets in eine zellenförmige Struktur zerbricht. Die Meteorologen sprechen von

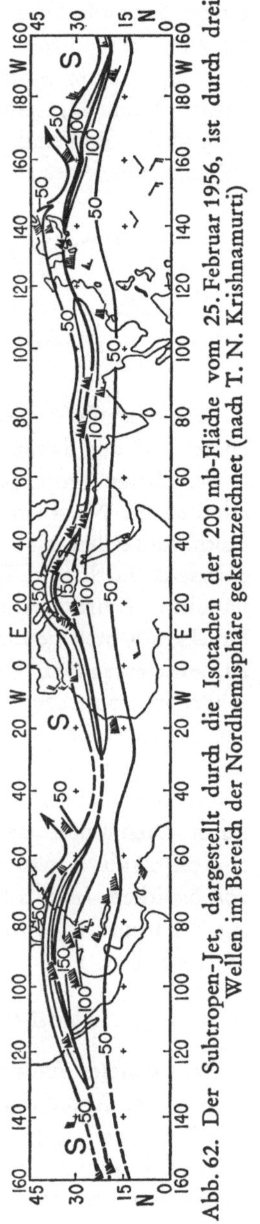

Abb. 62. Der Subtropen-Jet, dargestellt durch die Isotachen der 200 mb-Fläche vom 25. Februar 1956, ist durch drei Wellen im Bereich der Nordhemisphäre gekennzeichnet (nach T. N. Krishnamurti)

einem Bermuda-Hoch, einem Azoren-Hoch usw. Tatsächlich beschreibt der subtropische Strahlstrom, besonders im Winter, ein gut ausgeprägtes System von 3 Wellen rings um die Nordhemisphäre (Abb. 62). Ähnliche Bedingungen herrschen mutmaßlich auch in der Südhemisphäre vor, doch sind sie dort weniger gründlich erforscht, da es an aerologischen Daten mangelt.

Abb. 63. Der subtropische Hochdruckgürtel zerfällt in einzelne Hochdruckzellen

Wie beeinflußt diese Aufstückelung der meridionalen Zirkulation und der damit verbundenen Strahlströme das Windsystem in der oberen Troposphäre? Wie wir aus Abb. 63 ersehen können, erhalten die Nordwinde am östlichen Rand jeder dieser einzelnen Hochdruckzellen eine zusätzliche östliche Windkomponente, die einerseits durch eine Tendenz zur Erhaltung des absoluten Drehimpulses bewirkt wird, andererseits aber auch durch Kräfte des Druckgradienten bestimmt wird, die die Luftmassen geostrophisch zu bewegen suchen. Wir finden daher auch in der oberen Troposphäre in tropischen Regionen Ostwinde vor — und nicht nur in den Passatwinden nahe an der Erdoberfläche. Westwinde herrschen dagegen in gemäßigten Breiten vor. Die Aufstückelung der meridionalen Zirkulation in einzelne Zellen hilft dabei mit, westlichen Drehimpuls polwärts zu verfrachten, denn mathematisch und physikalisch gesprochen ist ein südwärts gerichteter Transport von östlichem Impuls genau äquivalent einem nordwärts gerichteten Transport von westlichem Impuls, wie wir dies in Kapitel V gezeigt haben.

Der östliche Strahlstrom der Tropen

Im Sommer finden wir diese subtropischen Hochdruckzellen weiter vom Äquator entfernt als im Winter. Über dem Plateau von Tibet und über der Wüste Sahara scheinen diese Zellen in einer sehr stabilen Position zu verharren. Da diese Luftmassen, welche um den östlichen Rand dieser Hochdruckzellen fließen, eine beträchtliche Distanz zurückzulegen haben bevor sie den Äquator erreichen, können sie hohe Geschwindigkeiten erreichen und wehen fast direkt aus dem Osten. Diese Strömung nennen wir den *tropischen östlichen Jet-Stream*. Er erreicht maximale Geschwindigkeit in einer Höhe von ungefähr 16 km (in der Nähe des 100 mb-Niveaus). Aus vorangegangenen Aussagen werden Sie sich erinnern, daß dies die Höhe ist, in welcher wir die Tropopause in tropischen Regionen vorfinden. Der tropische östliche Strahlstrom qualifiziert sich daher ebenfalls als Tropopausen-Jet-Stream.

Nur das Sahara-Hoch und das tibetische Hoch besitzen während der Sommermonate genügend örtliche Stabilität, um ein stationäres und starkes östliches Jet-Stream-Regime zu erzeugen. In anderen subtropischen Gebieten der nördlichen und südlichen Hemisphäre (und in anderen Jahreszeiten) besitzen die Hochdruckzellen eine Tendenz, ihre Position von Tag zu Tag zu verändern. Wir finden daher dort östliche Strahlstromgeschwindigkeiten nur selten vor. Nur über Indien und Afrika im Sommer besitzt der östliche Jet-Stream große Beständigkeit und übt einen gewaltigen Einfluß auf das Wettergeschehen aus. Er ist mit dem Auftreten des indischen und afrikanischen *Sommermonsuns* und mit den Regenzeiten über diesen Gebieten unserer Erde aufs Engste verknüpft. Wir werden uns mit diesen Phänomenen noch eingehend in Kapitel VII beschäftigen.

Da der östliche Strahlstrom der Tropen mit den Lücken im subtropischen Hochdruckgürtel und mit den dadurch hervorgerufenen „Wirbel"bewegungen zusammenhängt, können wir dahingehend argumentieren, daß der Grund für diesen Strahlstrom in den Eddytransportprozessen liegt und nicht in den mittleren Meridionaltransporten, denn letztere müßten wegen ihrer polwärts gerichteten Strömung im Tropopausenniveau in westlichen Winden resultieren.

Strahlströme oberhalb des Tropopausenniveaus

Bis jetzt haben wir lediglich Strahlströme behandelt, die mit unserem gegenwärtigen Radiosondennetz verhältnismäßig einfach zu erfosrchen sind. Trotzdem bergen sie noch manche Geheimnisse, die von den Forschern vieler Länder in mühsamer Arbeit enthüllt werden. In höheren Atmosphärenregionen werden die Beobachtungsdaten immer spärlicher. Die U 2-Flugzeuge können uns mit Wind- und Temperaturdaten aus Niveaus bis zu 20 km beliefern. Speziell angefertigte Sondenballone können sogar Höhen von 40 km erreichen und meteorologische Raketen erforschen die atmosphärischen Bewegungen bis zu 70 km. Diese Meßmethoden sind jedoch kostspielig und können daher nicht routinemäßig durchgeführt werden.

Trotzdem gelang es Wissenschaftlern in zäher Forschungsarbeit ein faszinierendes Mosaik der Bewegungsvorgänge in der hohen Atmosphäre zusammenzusetzen. Unser Wissen weist zwar noch manche Lücken auf, doch mit unserem Griff nach dem Weltraum wurden die geheimnisvollen Bereiche der oberen Atmosphäre immer weniger gefahrdrohend. Im Zeitalter des interplanetaren Flugverkehres müssen wir aus Gründen der Flugsicherheit immer mehr Details über die Winde und das Wetter in diesen verdünnten Luftschichten wissen.

Bei der Beschreibung der Abb. 56 bemerkten wir, daß die untere Stratosphäre über der Tropopause in den Polargebieten warm, über dem Äquator jedoch kalt ist. Im Sommer finden wir diese Umkehr des meridionalen Temperaturgradienten überall in der Stratosphäre vor. Die Ursache dafür liegt in der kontinuierlichen Sonnenbestrahlung der Polargebiete. Für die Wintersaison müssen wir die an Hand der Abb. 56 getroffene Feststellung etwas qualifizieren. In der Nähe des Polarfront-Jets finden wir zwar immer noch im Tropopausenniveau eine Umkehr des Temperaturgradienten — warme stratosphärische Luft polwärts des Jet-Stream, kalte Luft dagegen äquatorwärts. Wie wir früher schon darauf hinwiesen, bestimmt diese Umkehr des Temperaturgradienten die Höhe, in welcher die maximale Windgeschwindigkeit auftritt. Die Umkehr des horizontalen Temperaturgradienten ist jedoch im Winter wesentlich weniger drastisch als im Sommer. Sie wird hauptsächlich durch Auf- und Abwärtsbewegungen in der Nähe des Jet-Stream verursacht. Absinkbewegung in der Stratosphäre nördlich des Jet-Stream bewirken eine Erwärmung der Luft, aufsteigende Bewegung südlich des Jet-Stream dagegen kühlt die Luftmassen ab.

In höheren Luftschichten jedoch, in einiger Entfernung vom Polarfront-Jet-Stream, der in Tropopausennähe auftritt, werden diese Effekte der durch den Jet-Stream selbst hervorgerufenen Vertikalbewegungen immer geringer. Die Strahlungseinflüsse beginnen zu dominieren. Wir wissen, daß die hohen geographischen Breiten während des Winters überhaupt keine Sonnenstrahlung erhalten. Die hohen Schichten der Stratosphäre sind daher über dem Pol zu dieser Jahreszeit wesentlich kälter als über dem Äquator. Der meridionale Temperaturgradient ist daher in der Winterhemisphäre auch in der oberen Stratosphäre immer noch vom Äquator gegen den Pol hin gerichtet. Die Neigung der Flächen konstanten Druckes wird daher immer steiler und die Westwindgeschwindigkeiten nehmen mit der Höhe zu. Die Geschwindigkeiten erreichen ein Maximum in der Nähe des 50 km-Niveaus, wo (Abb. 2) die *Stratopause* einen scharfen Knick in den vertikalen Temperaturprofilen angibt.

Es zeigte sich, daß diese starken Winde ebenfalls in einem strahlstromartigen Band den Pol umkreisen. Wir nennen diese Winde den *stratosphärischen Polarnacht-Jet-Stream*, da er nur im Winter auftritt wenn die Sonne sich unterhalb des Horizonts befindet. In Analogie zu den Tropopausenstrahlströmen finden wir, daß der Polarnacht-Jet ebenfalls ein „Pausen"-Phänomen ist, da er mit der *Stratopause* in Verbindung steht (Abb. 2).

Im Sommer ist die Stratosphäre in gleichen Niveaus über dem Pol wärmer als über den äquatorialen Regionen. Es herrschen daher in der Nähe und unterhalb der Stratopause Ostwinde vor. Diese Winde sind in der Regel schwach und nicht genügend ausgeprägt, um sie als Strahlströme zu qualifizieren, zumindest nicht in der Stratosphäre. In der Mesosphäre, oberhalb 50 km (Abb. 2), können sie jedoch beträchtliche Geschwindigkeiten erreichen, doch sind Meßdaten aus diesen Regionen immer noch zu dürftig, um diesen östlichen Jet-Stream in seinem täglichen Verhalten auf Karten darstellen zu können.

Da in der einen Hemisphäre Winter herrscht, während sich die andere Hemisphäre des Sommers erfreut, finden wir das seltsame Phänomen vor, daß westliche Stürme in großer Höhe und in hohen Breiten rings um einen Pol blasen, während Ostwinde in der hohen Stratosphäre der anderen Hemisphäre vorherrschen. Mit dem Wechsel der Jahreszeiten schlagen diese Zirkulationsphänomene von einer Hemisphäre zur anderen um.

Merkwürdige Winde über dem Äquator

Außer diesen jahreszeitlichen Änderungen der Strömungsrichtung hält die Stratosphäre noch einige andere Überraschungen für uns bereit. Als der Vulkan Krakatau in Indonesien im August 1883 explodierte, schleuderte er Aschenwolken bis in Höhen von über 20 km. Überraschenderweise umkreiste die Aschenwolke in diesen Niveaus die gesamte Erdkugel mit Ostwinden, die eine Geschwindigkeit von ungefähr 60 Knoten aufwiesen und den Eindruck hinterließen, daß ein sehr beständiger östlicher Jet-Stream in diesen Niveaus vorherrschte. Im Hinblick auf die Entdeckung dieser Winde wurden sie *Krakatau-Ostwinde* benannt, schon lange bevor Flugzeuge und Ballons den Strahlströmen der gemäßigten Breiten begegneten, die in wesentlich geringeren Höhen auftreten. Die Aschenmassen breiteten sich nur langsam gegen höhere geographische Breiten hin aus und verursachten dort wunderbar rote Sonnenuntergänge.

Ostwinde in der Stratosphäre über dem Äquator sind nicht schwierig zu erklären. Wir haben vorhin gesehen, daß die stratosphärische Zirkulation ihre Richtung zwischen Sommer und Winter ändert. Dies erfordert eine Verfrachtung von großen Mengen absoluten Drehimpulses von einer Hemisphäre zur anderen. Dieser Impulstransport muß jedoch, zumindest in einem gewissen Grade, mit einem Massenfluß über dem Äquator hin zusammenhängen. Falls in einer derartigen Strömung absoluter Drehimpuls erhalten bleibt, müssen Ostwindkomponenten zunehmen, während sich die Luftmassen dem Äquator nähern. Die Ostwindkomponenten nehmen aus demselben Grunde wiederum ab, wenn die Luftmassen sich vom Äquator entfernen und in die gegenüberliegende Hemisphäre eindringen. Wir können daher erwarten, daß ein Ostwindmaximum genau über dem Äquator auftritt und in dem Niveau liegt, in welchem die Transportprozesse über den Äquator hin ihr Maximum erreichen und ihre größte geographische Breitenausdehnung besitzen. Frühe Messungen deuteten an, daß das Ostwindmaximum in einem Niveau von etwa 35 km auftrat.

Soweit erschien alles plausibel, bis A. Berson (1859—1942), ein deutscher Meteorologe, sich im Jahre 1908 auf eine Expedition zum Viktoriasee in Afrika begab. Er entdeckte eine Schicht mit Westwinden direkt über dem Äquator in einer Höhe von etwa 20 km oder etwas darüber (in der Nähe des 50 mb-Druckniveaus). Über und unter dieser Westwindschicht herrschten Ostwinde vor. Mit einer Geschwindigkeit von etwa 20 Knoten erreichten diese Westwinde zwar keine Strahlstromgeschwindigkeiten, nichtsdestoweniger stellten sie ein Rätsel dar: Wie kann es sein, daß ein Teil der Atmosphäre schneller rotiert als die Erde selbst am Äquator? Beibehaltung des absoluten Drehimpulses kann offensichtlich nicht zur Erklärung dieses Windsystems dienen. Es muß durch Druckkräfte angetrieben werden, die wiederum durch eine merkwürdige, jedoch ziemlich beständige Temperaturverteilung vorgegeben sind.

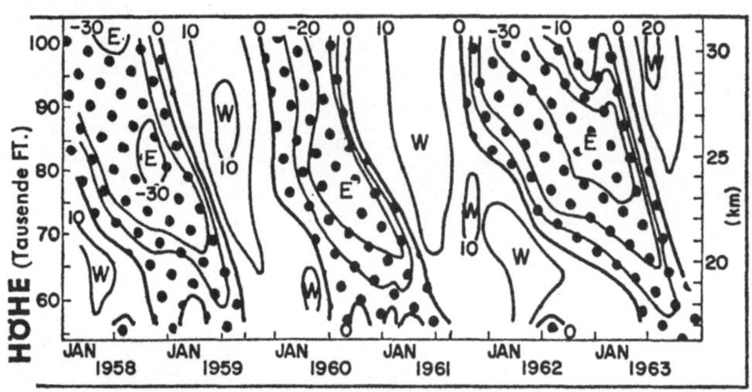

Abb. 64. Alternierende Ost- und Westwinde über der Canton-Insel (nach US Navy Weather Research Facility)

Während sich die Wissenschaftler noch immer über die Berson-Westwinde, wie man sie nannte, stritten, wurde zu Beginn der 60er Jahre eine neue Entdeckung gemacht. Die Schichten in der äquatorialen Stratosphäre, die in einem Jahr Ostwinde aufwiesen, wurden im darauffolgenden Jahr von Westwinden beherrscht und umgekehrt. Als sich dieser merkwürdige Zyklus mehrere Male wiederholt hatte, fand man, daß die genaue Periode, mit der Ost- und Westwinde im selben Niveau einander ablösen, nicht genau 2 Jahre, sondern 26 Monate betrug. Außerdem erschien das

Band von Ost- oder Westwinden — je nach dem Jahr, in welchem wir unsere Untersuchungen beginnen —, zunächst in sehr großen Höhen und schritt im Laufe der Zeit nach unten hin fort, bis es in der Nähe der tropischen Tropopause seine Identität verlor (Abb. 64). Immer neue Rätsel! Warum beträgt die Periode dieses sich in geheimnisvoller Weise wiederholenden Windregimes 26 Monate und nicht 24 Monate? Warum tritt ein solcher Zyklus überhaupt in Erscheinung? Wie viele Jahre noch wird sich dieser Zyklus mit merkwürdiger Periodizität wiederholen? Für Jahrhunderte oder nur für etliche Sonnenfleckenzyklen?

Kapitel VII

Strahlstrom und Wetter

Divergenz und Konvergenz

In den vorangehenden Kapiteln beschrieben wir das Phänomen des Strahlstromes. Wir konnten seine Existenz direkt aus physikalischen Prozessen ableiten. Waren diese Überlegungen jedoch wirklich der Mühe wert? Wenn Sie nicht gerade ein Flugzeug in 10 km Höhe steuern, was kümmert Sie schon der Jet-Stream?

Die Antwort ist einfach: Wir haben auf der Suche nach dem Wie und nach dem Warum des Jet-Stream nicht unsere Zeit verschwendet, denn der Strahlstrom hängt aufs Engste mit dem Wettergeschehen zusammen. Nur aus einem Verständnis des Jet-Stream können wir die fortwährend sich ändernden Aspekte der uns umgebenden Atmosphäre näher einsehen. Wie übt der Strahlstrom diesen Einfluß aus?

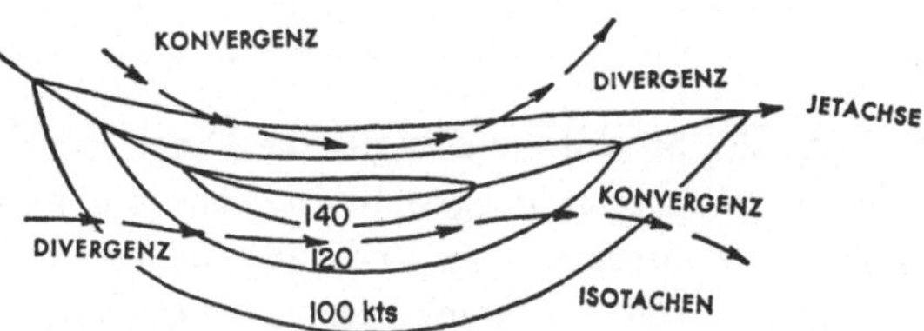

Abb. 65. Konvergenz und Divergenz im Bereich eines Strahlstrommaximums mit annähernd geradliniger Strömung

Wir wollen Luftmassen betrachten, die sich durch ein typisches Strahlstrommaximum bewegen, so wie dies Abb. 65 zeigt. Aus der Erfahrung und aus den Beispielen, die in Kapitel IV gegeben wurden, finden wir, daß sich solche Jet-Maxima langsam mit einer Geschwindigkeit von etwa 10 m/sec fortbewegen, während die Luftströmungen selbst eine Geschwindigkeit von etwa 50 m/sec und mehr besitzen. Die Luftmassen fließen also tatsächlich durch das Geschwindigkeits- oder Isotachenfeld, und letzteres schwimmt nicht einfach mit den Luftmassen mit. Dies bedeutet, daß sich Luft, welche durch ein Jet-Maximum fließt, beschleunigen muß, während sie auf der Rückseite dieses Maximums eintritt. Die Luft verzögert sich, während sie aus der Vorderseite des Geschwindigkeitsmaximums ausströmt. Die Luftmassen fließen daher nicht mit gleichförmiger Geschwindigkeit in der Strahlstromregion. Wir können verhältnismäßig einfach einsehen, daß dort, wo Luftmassen sich beschleunigen, die schneller werdende Strömung eine Divergenz der Masse hervorruft. In einem Gebiet wo Verzögerung vorherrscht, tritt Konvergenz ein (Abb. 66). Wir können diesen Effekt mit einer Kolonne marschierender Soldaten vergleichen: beginnt die erste Reihe plötzlich, sich im Laufschritt fortzubewegen, so entwickelt sich ein Zwischenraum zwischen den Reihen; bleibt die erste Reihe Soldaten plötzlich stehen, so wird sich der Rest der Kolonne in sie hineindrängen.

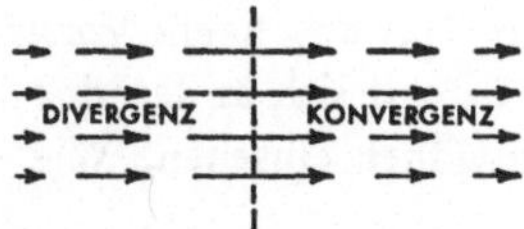

Abb. 66. Divergenz und Konvergenz in geradlinig sich beschleunigender und verzögernder Strömung

In der Nähe des Strahlstroms liegen die Dinge jedoch nicht so einfach, wie dies in Abb. 66 dargestellt ist, denn wir müssen auch die Krümmung der Strömung in Rechnung stellen. Wo sich die Stromlinien einer Strömung konstanter Geschwindigkeit zusammendrängen, herrscht Konvergenz. Wo sich die Stromlinien trennen, herrscht Divergenz (Abb. 67). Die Effekte der Beschleunigung oder Verzögerung und des sich Näherns und Entfernens von Stromlinien sind in der Strahlstromregion gleichzeitig vorhanden, wie in Abb. 65 angedeutet wurde. Wir müssen also beide Effekte addieren, um die tatsächliche Verteilung von Divergenz und Konvergenz in der Nähe des Jet-Maximums zu erhalten. Wir finden daher in der Natur folgende Verhältnisse vor: Im linken vorderen Quadranten eines Geschwindigkeitsmaximums überwiegt der Effekt des Auseinandertretens der Stromlinien über den Effekt der Verzögerung. In diesem Gebiet tritt daher Massendivergenz auf. Im rechten vorderen Quadaranten drängen sich infolge der Verzögerung die Luftmassen stärker zusammen, als das Auseinandertreten der Stromlinien kompensieren würde. Wir finden daher hier Massenkonvergenz (Abb. 65).

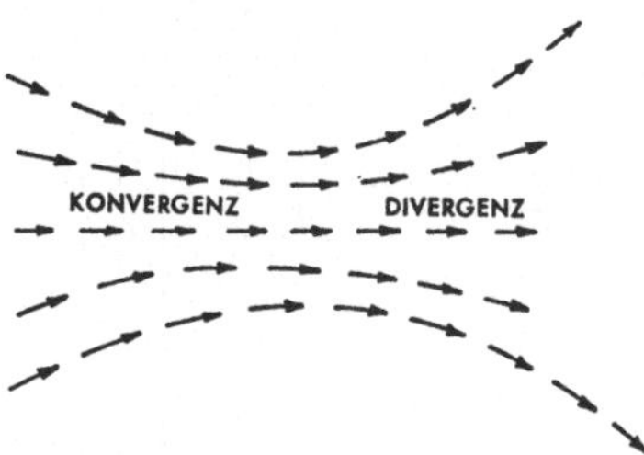

Abb. 67. Divergenz und Konvergenz in einer Strömung mit gleichförmiger Geschwindigkeit, jedoch mit veränderlicher Stromliniendrängung

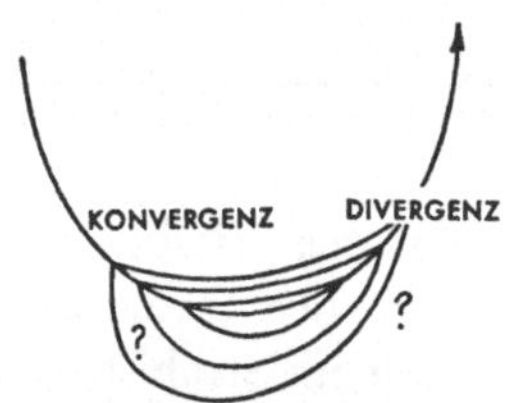

Abb. 68. In einem Jet-Maximum, das in einem stark gekrümmten Trog liegt, überwiegt der Einfluß der Stromlinienkrümmung auf die Divergenzverteilung

Die Verteilung der Strömungsverhältnisse auf der Rückseite eines Strahlstrommaximums führt in ähnlicher Weise zu einer Konvergenz im linken und zu einer Divergenz im rechten Quadranten. Falls das Maximum am Scheitel eines stark sich krümmenden Troges liegt (Abb. 68), herrschen offensichtlich die Effekte der Krümmung der Stromlinien vor, stärker noch als dies in den oben beschriebenen Quadranten bei nahezu geradliniger Strömung der Fall ist. Die Divergenzverhältnisse im linken vorderen Qua-

dranten und die Konvergenz im linken rückwärtigen Quadranten
des Windgeschwindigkeitsmaximums sind daher im Falle einer
stark gekrümmten Strömung außergewöhnlich stark ausgebildet.
Auf der antizyklonalen rechten Seite der Strahlstromachse (wo
antizyklonale Windscherungsverhältnisse vorwiegen, Kapitel III)
kompensiert der Effekt des Auseinander- oder Zusammentretens
der Stromlinien annähernd den Effekt der Beschleunigung oder
der Verzögerung. Die Konvergenz oder Divergenz in diesem Gebiet ist daher sehr schwach.

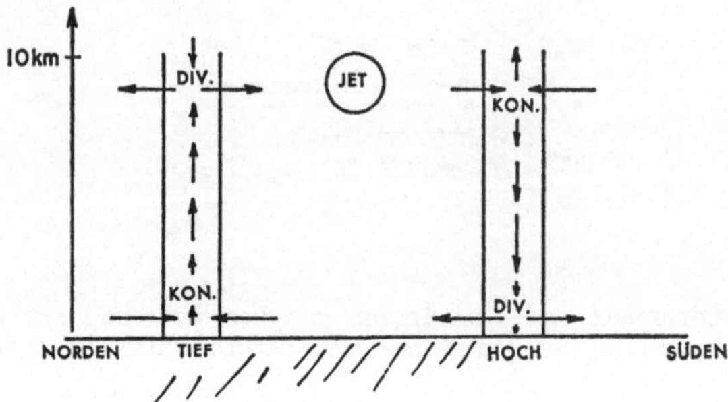

Abb. 69. Der schematische Querschnitt durch den Strahlstrom im Deltagebiet zeigt die Verteilung der Divergenz und Konvergenz an

Wir wollen nunmehr den Effekt solcher Konvergenz- und
Divergenzfelder, die durch den Strahlstrom hervorgerufen werden, näher betrachten. Falls im Strahlstromniveau durch das Vorhandensein eines Divergenzfeldes Luftmassen aus einer vertikalen
Luftsäule „ausgepumpt" werden, verringert sich das Gesamtgewicht
der Luftsäule, gemessen von der Obergrenze der Atmosphäre bis
zum Boden. Da jedoch das Gesamtgewicht der Luftsäule äquivalent zum Bodendruck ist, bedeutet eine Abnahme dieses Ge-
wichtes einen Druckfall am Erdboden. Unterhalb der Diver-
genzregion, die durch den Strahlstrom hervorgerufen wurde, entwickelt sich daher ein Tiefdruckgebiet in der Nähe des Bodens.
Dieses Tiefdruckgebiet kann Anlaß zur Entwicklung einer Zyklone
geben, falls die Divergenzprozesse einige Zeit aufrecht erhalten
bleiben und daher der Druckfall am Boden einige Zeit anhält
(Abb. 69).

Was geschieht jedoch in der Nähe des Erdbodens? Luftmassen beginnen sich gegen das Tiefdruckgebiet hin zu bewegen und versuchen dieses aufzufüllen. Die Rotationsbewegung der Erde wird diese Luftbewegung allerdings nach rechts hin ablenken und versuchen, diese Bewegung geostrophisch zu gestalten und sie parallel zu den Isobaren oder Konturlinien auszurichten. Da jedoch in der Nähe des Erdbodens ständig Reibungsverhältnisse wirksam sind, wird ein geostrophisches Gleichgewicht nicht erreicht. Statt daß die Luftmassen sich kreisförmig um das Tiefdruckgebiet herumbewegen, tritt die Luft in Spiralenbahnen in das Tiefdruckgebiet ein. Dies verursacht offensichtlich *konvergente* Strömungsverhältnisse in der Nähe des Erdbodens im Gebiet eines Tiefdruckgebietes (Abb. 70).

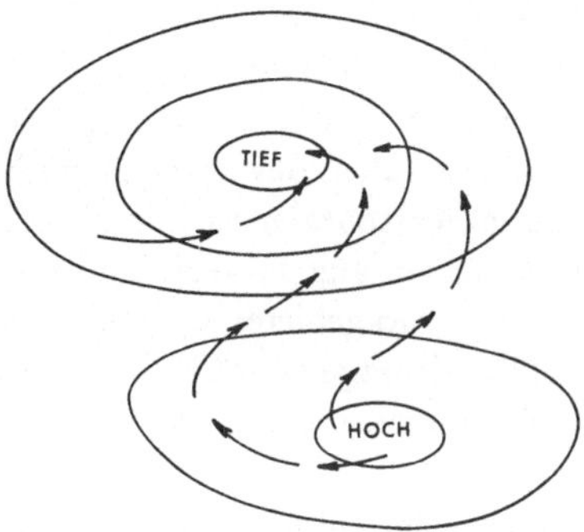

Abb. 70. Unter dem Einfluß der Reibungskräfte in der Nähe des Erdbodens strömt die Luft vom Hochdruckgebiet zum Tiefdruckgebiet

Wir finden also nunmehr, daß die Luft im Strahlstromniveau aus einer vertikalen Luftsäule ausgepumpt wird und andere Luftmassen in der Nähe des Erdbodens in einer konvergenten Strömung in dieselbe Luftsäule eingeführt werden. Um im Tropopausenniveau die Entstehung eines Vakuums zu verhindern, müssen sich Luftmassen in dieser Luftsäule vertikal bewegen, um die „Lücke" zu füllen, die durch die Divergenz im Jet-Stream-Niveau geschaffen wurde. Ein Teil dieser Strömung wird aus der Troposphäre durch Aufwärtsbewegung, ein Teil aus der Stratosphäre durch Abwärtsbewegung nachgeführt. Wir müssen uns jedoch vor Augen halten, daß die Stratosphäre stabil geschichtet ist. Jedwede

Vertikalbewegung wird daher hier auf Auftriebskräfte stoßen —
viel mehr als dies in der Troposphäre der Fall ist. Die Luftmassen,
welche dieses Divergenzgebiet im Strahlstromniveau auffüllen,
werden daher hauptsächlich aus der Troposphäre kommen (Abb.
69).

Die Verhältnisse auf der anderen Seite des Strahlstromes sind
ganz analog. Wir finden Konvergenz in der Höhenströmung.
Luftmassen werden also in eine vertikale Luftsäule hineingedrängt,
erhöhen dadurch das Gesamtgewicht der Luftsäule und führen zu
einem Anstieg des Bodendruckes. Aus dem so entstandenen Hochdruckgebiet in Bodennähe fließen nunmehr die Luftmassen aus
und folgen einer antizyklonalen Krümmung infolge der ablenkenden Kraft der Erdrotation.

Betrachten wir Abb. 69, so sehen wir, daß eine kontinuierliche
„Pumpe" den Auf- und Abtransport von Luftmassen in der
Atmosphäre bewerkstelligt. Wir sollen aber dabei nicht vergessen,
daß, während diese vertikalen Bewegungen vorhanden sind, die
Luft sich gleichzeitig in horizontaler Richtung mit hoher Geschwindigkeit den Strahlstrom entlang bewegt. Die Luftmassen, welche
im Gebiet des Bodentiefdruckgebietes aufsteigen, enden daher letzten Endes nicht im Hochdruckgebiet südlich des Strahlstromes, sondern wesentlich weiter stromabwärts. Wir müssen uns fernerhin
vor Augen führen, daß das Divergenz- und Konvergenzschema,
welches in Abb. 69 gezeigt wurde, nur für die Vorderseite eines
Strahlstrommaximums gilt. Dies ist das sog. *Deltagebiet*, denn die
Luftströmung tritt hier aus dem Strahlstrommaximum, ähnlich
wie ein Fluß in einer Deltamündung, aus. (Wir nahmen in dieser
Zeichnung an, daß der Strahlstrom in die Ebene des Querschnittes hineinbläst.) Das Hinterende eines Jet-Maximums, oder sein
Einzugsgebiet, weist eine Verteilung von Divergenz und Konvergenz entgegengesetzt derjenigen auf, die in Abb. 69 gezeigt wurde.

Mit Absinkbewegung unterhalb der Konvergenz im Strahlstromniveau, und mit Aufsteigbewegung unterhalb der Divergenz,
sowie mit den starken Windgeschwindigkeiten, die im Windmaximum vorherrschen, gelangen wir schließlich zu dem in Abb. 71
gezeigten Strömungsbild.

Luftmassen, welche im linken rückwärtigen Quadranten eines
Strahlstrommaximums ihren Ursprung haben, sinken unterhalb des

Jet-Maximums ab und gelangen schließlich in das Hochdruckgebiet im rechten vorderen Quadranten (wo sie eine antizyklonale Krümmung einnehmen). Die Luft aus dem rechten rückwärtigen Quadranten andererseits steigt im Jet-Maximum auf und bewegt sich in den linken vorderen Quadranten, wobei sie eine zyklonal gekrümmte Bahn einschlägt.

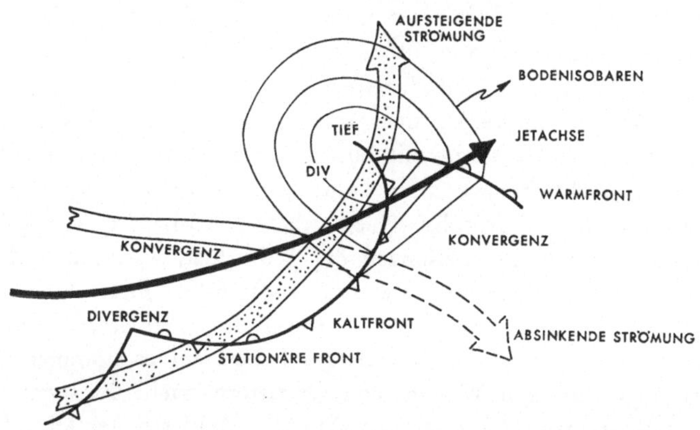

Abb. 71. Die Überlagerung von Strahlstromachse und Bodenfronten ist hier, zusammen mit den Divergenz- und Konvergenzgebieten im Jet-Stream-Niveau, schematisch dargestellt. Die breiten Pfeilbänder deuten aufsteigende und absinkende Strömungsäste an

Die bisher getroffenen Feststellungen haben weitreichende Auswirkungen. Wir sind nunmehr in der Lage zu beschreiben und zu verstehen, was passiert, wenn sich eine Zyklone bildet. Mit unseren gegenwärtigen Kenntnissen sind wir eigentlich in der Lage, eine ziemlich hoch entwickelte Zyklonentheorie aufzustellen. Erstens gelangten wir zur Ansicht, daß sich keine Zyklone entlang einer Frontalzone in mittleren und höheren Breiten bilden kann, *ohne* daß ein kräftiger Strahlstrom in der Höhe vorhanden wäre. Denn wie sollte sonst das wichtige Divergenzfeld in der Höhe zustande kommen? Die Divergenz, *nota bene,* wirkt als Pumpe, die den notwendigen Bodendruckfall bewirkt. Sobald ein gut organisiertes Bodendruckfallgebiet in der Nähe einer Bodenfront existiert, können die in Abb. 70 skizzierten Strömungsverhältnisse eintreten. Die spiralartige Strömung, welche eine Zyklone charakterisiert, kann nunmehr ihren Lauf nehmen.

In den Jahren nach dem ersten Weltkrieg entwickelten norwegische Meteorologen ein verhältnismäßig gutes Verständnis der Vorgänge innerhalb der großen Stürme, welche über den Atlantik fegen. Vilhelm Bjerknes, ein Nestor der modernen Meteorologie, sah den Hauptgrund in der Entwicklung einer Zyklone darin, daß zwei „feindliche" Luftmassen — eine warme und eine kalte — entlang einer wohldefinierten Grenzlinie aufeinanderstießen. Als er seine Zyklonentheorie aufstellte, stand er offensichtlich unter dem Eindruck der Schlachtfelder Nordfrankreichs, auf denen ganze Armeen in verbissenem Kampf entlang der „Frontlinie" verbluteten. Die Analogie mit Luftmassenfronten ist offensichtlich. Sind wir nicht Zeugen eines ständigen Kampfes, der zwischen Kalt- und Warmluft tobt? Überraschende Ausbrüche von kalter Luft überrennen die Stellungen der Warmluft, während entlang einer anderen Frontallinie warme Luftmassen ihren Siegeszug weit nach Norden vorantragen. Anstelle des gefürchteten Artilleriesperrfeuers des ersten Weltkrieges haben wir es nunmehr mit Böenlinien, heftigen Winden und Gewittern, vielleicht sogar mit Tornados zu tun, die gewissermaßen die Munition der kämpfenden Luftmassen darstellen.

Die norwegische Zyklonentheorie stellte jedoch noch nicht den pumpenden Effekt der Strahlströme in der oberen Atmosphäre in Rechnung. Wahrscheinlich hat uns der zweite Weltkrieg dazu verholfen, unsere Gedanken, selbst in der Meteorologie, neu zu orientieren. Hatte uns der erste Weltkrieg das Konzept der „Front" beschert, so bot der zweite Weltkrieg die Idee der „dynamischen Kräfte", die in Form eines „Blitzkrieges" rasch vorwärtsdrängen, die feindlichen Kräfte einschließen und sie in ihrem abgeschnittenen Kessel vernichten. Unsere derzeitigen Ansichten über Wirbel (Eddies) im Strahlstromniveau, über Vortices, die von der westlichen Hauptströmung abgeschnitten werden und langsam ihre Identität als Kalt- oder Warmluftreservoirs verlieren, trägt ganz gewiß große Ähnlichkeit mit dem, was in den Köpfen der Generäle und Feldmarschalle vorgegangen sein muß, während sie die staubigen Straßen von Europa und Nordafrika befuhren.

Wir sollten über diese Analogie zwischen moderner Kriegsführung und Meteorologie nicht zu skeptisch sein. Da Wissenschaftler auch nur Menschen sind, sind ihr Empfinden und ihre Gedankengänge, genauso wie die jedes anderen Erdbewohners, den traumatischen Erfahrungen im Verlauf der menschlichen Tragödie ausgesetzt.

Neben dem Begriff der Front gaben uns die norwegischen Ansichten über die Entwicklung von Zyklonen noch einen weiteren Begriff, welcher sich in der modernen Meteorologie als äußerst wertvoll erwies. In der Beschreibung der Lebensgeschichte eines Sturmes ging man für gewöhnlich von einem ungestörten Stadium aus, in welchem Kalt- und Warmluftmassen in „friedlicher Koexistenz" Seite an Seite lagen und durch eine gerade Frontlinie voneinander getrennt wurden. Jede der beiden Luftmassen strömte auf ihrer zugewiesenen Seite der Front entlang, wobei die Stromlinien parallel zur Frontlinie verliefen. Plötzlich jedoch, scheinbar aus dem Nichts heraus, veranlaßte eine kleine Störung die Warmluft zu einer kleinen „Ausbuchtung" in der geradlinigen Front: Eine sog. *Wellenstörung* wurde geboren. Sie begann sich auszubreiten und zu vergrößern, besonders dann, wenn der Bodendruck in der Nähe des Scheitelpunktes der neugeborenen Welle zu fallen begann und die Luft sich in Spiralform gegen das Tiefdruckgebiet hin bewegte. Die kleine *Frontalwelle,* die in der unteren linken Ecke von Abb. 71 gezeigt ist, stellt eine derartige wachsende Wellenstörung dar.

Während sich diese Welle entwickelt, beginnt die ursprünglich stationäre Front ihren Vormarsch. Entlang eines Teiles dieser Front versuchen die kalten Luftmassen vorzudringen. Sie bilden die sog. *Kaltfront* (durch kleine Dreiecke auf der Wetterkarte dargestellt). Entlang des anderen Teiles der Front, der östlich des Wellenscheitels liegt, beginnen die Warmluftmassen ihren Vormarsch und bilden die sog. *Warmfront* (kleine Halbkreise auf der Wetterkarte). Da die Kaltfront in der Regel etwas schneller vorstößt als die Warmfront, holt sie diese meistens ein. Während sich die Sturmzyklone vertieft, wird die Kaltfront immer stärker ausgeprägt. Die ausgereifte Sturmzyklone in der oberen rechten Ecke der Abb. 71 mag als typisches Beispiel dienen. Das kleine Stück Kaltfront, das sich jenseits des Scheitels der Welle ausdehnt, deutet an, wie weit die Kaltfront die Warmluft, die in dem sog. *Warmsektor* den Erdboden berührt, bereits überrannt hat. Der Vorgang, in dem die Kaltluft den Warmsektor überrennt, nennen wir die

Okklusion. Während dieser Okklusionsprozeß voranschreitet, wird
die Warmluft vom Boden abgehoben und Kaltluft gleitet unterhalb der Warmluft ein. Es wird daher im Okklusionsvorgang das
Reservoir von potentieller Energie, welches vorschreibt, daß Warmluft Seite an Seite mit Kaltluft liegen soll, langsam erschöpft. Die
Sturmzyklone ist daher zum Tode verurteilt.

In der Erfahrung der norwegischen Meteorologen, die Frontalzonen und Sturmzyklonen in ihrem Zug über den Atlantik und
die Nordsee beobachteten, wanderte für gewöhnlich eine Zahl von
Wellenstörungen hintereinander entlang einer wohlausgebildeten
Frontalzone. Während die erste dieser Wellen in eine voll ausgewachsene Sturmzyklone ausreifte, zeigte sich bereits eine zweite
Welle, so wie dies in Abb. 71 angedeutet ist. In der Terminologie
der Norweger hatte die ursprüngliche Zyklone nunmehr eine
„Tochterzyklone" gezeugt. Aus unserer früheren Diskussion sehen
wir nunmehr, daß die Tochterzyklone sich in dem rechten rückwärtigen Quadranten desselben Strahlstrommaximums bildet, das
die ursprüngliche Zyklone mit sich trägt. Mit der Vertiefung dieser zweiten Zyklone bildet sich ein neues Jet-Maximum aus, welches wiederum eine dritte Wellenstörung verursachen kann usw.
Schließlich sehen wir uns einer ganzen *Zyklonenfamilie* gegenüber, die sich über den Atlantik bewegt. Betrachten wir typische
Wetterkarten, so sehen wir 4—5 solcher Wellenstörungen entlang
einer Frontalzone „aufgefädelt". Jede dieser Wellen zeigt ein
weiter fortgeschrittenes Stadium der Entwicklung, wenn wir den
Verlauf der Frontalzone nach Osten hin verfolgen.

Über den Vereinigten Staaten können wir für gewöhnlich die
Ausbildung einer derartigen Zyklonenfamilie nicht beobachten.
Die hohe Barriere der Rocky Mountains stört den Fluß im Strahlstromniveau derart, daß sich meistens nur eine einzige große
Sturmzyklone oder ein Blizzard entwickelt, der eventuell noch
eine zweite kleine Wellenstörung in seinem Kielwasser mitführt
(Abb. 71). Die große Sturmzyklone zehrt jedoch den Hauptanteil
der verfügbaren potentiellen Energie des Kaltluftausbruches auf,
der aus Kanada nach Süden fegt. Für gewöhnlich bleibt hinter
diesem Ausbruch nichts mehr übrig, von dem sich eine Familie von
Zyklonen ernähren könnte. Die Amerikaner sind jedoch keineswegs besser dran als die Norweger. Diese Blizzards und ihre

damit verknüpften Kaltluftausbrüche sind schlimm genug, selbst
wenn sie keine ganze Familie von Zyklonen zeugen. Die Plan-
tagenbesitzer bis ins südliche Florida können darüber eine kost-
spielige Geschichte erzählen.

Aus dem Konzept einer Wellenstörung, welche sich in eine
voll ausgewachsene Sturmzyklone vergrößert, entstand das Problem, instabile Störungsvorgänge in der Atmosphäre zu finden,
die ihr Gleichgewicht durch einen „mikroskopisch" kleinen Anstoß
verlieren würden. In wissenschaftlicher Ausdrucksweise betrachten
wir also eine infinitesimale Störung, durch welche sich eine Zyklo-
nenwelle vergrößert. Es zeigte sich, daß die starken Windscherungen, welche wir unterhalb eines Strahlstromes und innerhalb der
Frontalzone finden, eine derartige, leicht aus der Gleichgewichts-
lage störbare Anordnung darstellen. Ein Gebirgszug, den der
Strahlstrom überschreiten muß, vermag die Strömungsverhältnisse
in genügender Weise zu stören. Diese Störungen zeigen die Tendenz, eine tiefe Einbuchtung in die ursprünglich geradlinige Frontalzone und ihren damit verknüpften Strahlstrom zu schaffen.
Die Einbuchtung wird anscheinend von ganz allein immer größer,
bis wir letzten Endes eine voll ausgewachsene Zyklone vor uns
haben. Wir erwähnten gerade, daß das zerfurchte Terrain einer
Gebirgslandschaft den ursprünglichen Anstoß geben kann, der sich
letztlich in einer Zyklone auswirkt. Es ist also nicht verwunder-
lich, daß wir so viele tiefe Sturmzyklonen und Blizzards im Lee,
d. h. im Osten, der Rocky Mountains vorfinden.

Die Konzeption einer sich vertiefenden Wellenstörung wurde
von den Meteorologen nach allen möglichen Gesichtspunkten hin
ausgebeutet. Die mathematischen Gleichungen, welche die atmosphärischen Strömungsprozesse beherrschen, wurden in große elek-
tronische Rechenanlagen gefüttert. Durch eine numerische Lösung
dieser Gleichungen wurden die Meteorologen in die Lage versetzt,
Vorhersagen der atmosphärischen Strömungsverhältnisse zu berechnen. Fütterte man kleine mathematische „Störungen" in die
Rechenanlage, konnte man die Stabilität der Strömungsanordnung
testen: Reagierte die vorhergesagte Lösung der Gleichungen nur
geringfügig auf diese Störungen, so waren die atmosphärischen
Strömungsverhältnisse offensichtlich stabil. Begannen jedoch die
vorhergesagten Strömungsverhältnisse ganz plötzlich sich zu bie-

gen und zu drehen und sich in große Tröge und Rücken zu legen, konnte man annehmen, daß die ursprünglichen Strömungsbedingungen instabil waren und dazu neigten, unter dem geringfügigsten Anstoß zusammenzubrechen.

Wir nennen diese Art der Beschreibung der Atmosphäre durch Gleichungen, die von einem Rechengerät gelöst werden können, *numerische Modellierung* der Atmosphäre. Diese hat in den letzten Jahren gewaltige Fortschritte gemacht. Wir sind nunmehr in der Lage, Zyklonen und Antizyklonen aus ursprünglich geradliniger Strömung in der Rechenmaschine zu erzeugen. All dies geschieht, ohne daß man Wasser in eine rotierende Schüssel schütten und ohne daß man einen Blick auf die Wetterkarte werfen muß. Alles was man dazu benötigt, ist ein überschnelles Elektronengehirn, das mit einer Schnellschreibanlage verbunden ist: Frontalzonen stellen einen völlig logischen Begriff dar, den eine derartige Rechenanlage aus seinem System von Gleichungen „erfinden" kann. Dasselbe gilt für die Strahlströme. Das bedeutet, daß wir tatsächlich Strahlströme nicht nur in den vorhin beschriebenen Modellexperimenten, sondern auch auf dem Print-Out-Papier eines Elektronenrechengerätes „erzeugen" können.

Diese Modellrechnungen brachten uns einen gewaltigen Schritt im Verständnis der Atmosphäre voran. Wir müssen jedoch mit dieser Feststellung etwas vorsichtig sein. Durch die Erzeugung realistischer Strahlstromsysteme aus nichts anderem als Gleichungen wissen wir, daß diese Gleichungen in der Beschreibung der atmosphärischen Bewegungen ausschlaggebend sind. Gleichungen tun jedoch nichts anderes als die Größe eines Ausdrucks gegen die Größe eines anderen Ausdrucks zu vergleichen. Sie sagen uns nichts darüber, was zuerst kommt: das Huhn oder das Ei. Und dies ist in der Tat unser größtes Problem, das nicht einmal die Elektronengeräte bisher beantworten konnten. Wie können wir mit Gewißheit aussagen, was die Ursache und was die Wirkung ist? Um dieses Dilemma richtig einzusehen, können wir uns folgendes überlegen:

Werden die Sturmzyklonen durch den Jet-Stream erzeugt? Die Antwort ist: Ja! Denn die Divergenz- und Konvergenzverteilung im Bereich des Jet-Stream erzeugt den nötigen Pumpenmechanismus wie wir dies in Abb. 65, 69 und 71 beschrieben haben. Werden die Strahlströme durch Zyklonen erzeugt? Die Antwort ist wiederum: Ja! Denn die potentielle Energie, die in einer Zyklone durch Absinken kalter Luft und durch Aufsteigen warmer Luft freigesetzt wird — besonders während des Okklusionsprozesses —, liefert die nötige Quelle für die kinetische Energie des Strahlstromes. Was ist nunmehr das Huhn und was ist das Ei: die Zyklone oder der Strahlstrom? Sie können beruhigt sein: selbst die größte Elektronenrechenanlage hat darauf noch nicht die Antwort gefunden.

Trotz dieses Dilemmas können wir aus unseren Forschungsergebnissen eine sehr wichtige Schlußfolgerung ableiten: *Es gibt keine Zyklone ohne Jet-Stream, es gibt jedoch Strahlströme ohne Zyklonen.*

Strömungsvorgänge in der Nähe der Polarfront

Wir haben uns große Mühe gegeben zu beweisen, daß die Polarfrontstrahlströme in mittleren geographischen Breiten mit Diskontinuitätsflächen zwischen Luftmassen, den sog. Fronten, verbunden sind. Fällt der Luftdruck in der Nähe einer derartigen Front, so entwickelt sich in der Regel eine Zyklone. Dies ist in Abb. 71 angedeutet, wo ein Sturmtief unterhalb des Divergenzgebietes im linken vorderen Quadranten des Jet-Maximums liegt und wo eine kleinere Wellenstörung sich unterhalb der Divergenz im rechten rückwärtigen Quadranten ausbildet.

Aufsteigende Bewegungen in der Atmosphäre sind mit abnehmendem Druck entlang der Lufttrajektorien verbunden, die Luft dehnt sich daher aus und kühlt sich dabei ab. Dieser Abkühlungsvorgang ist meistens stark genug, um eine Kondensation des Wasserdampfes in Wolkentröpfchen zu bewirken. Wir sollten daher erwarten, daß sich entlang des aufsteigenden Astes der in Abb. 71 gezeigten Luftbewegungen Wolken bilden. Der absinkende Ast der Luftbewegung sollte hingegen wolkenlos sein, denn die durch Kompression hervorgerufene Erwärmung der Luft läßt die Wolkentröpfchen verdunsten.

Mittels der Wettersatelliten, wie z. B. die TIROS-, NIMBUS- und ESSA-Serie, besitzen wir eine ausgezeichnete Möglichkeit, diese Erwartungen zu überprüfen. Tafel X zeigt ein Bild, das von TIROS V aufgenommen wurde und Abb. 72 gibt die dazugehörige Windgeschwindigkeitsanalyse im Strahlstromniveau. Der verzerrte Umriß der Fläche, die durch die Satellitenfotografie bedeckt wird, ist dieser Analyse überlagert.

Vergleichen wir diese beiden Abbildungen miteinander, so können wir deutlich das Wolkenband identifizieren, das mit aufstei-

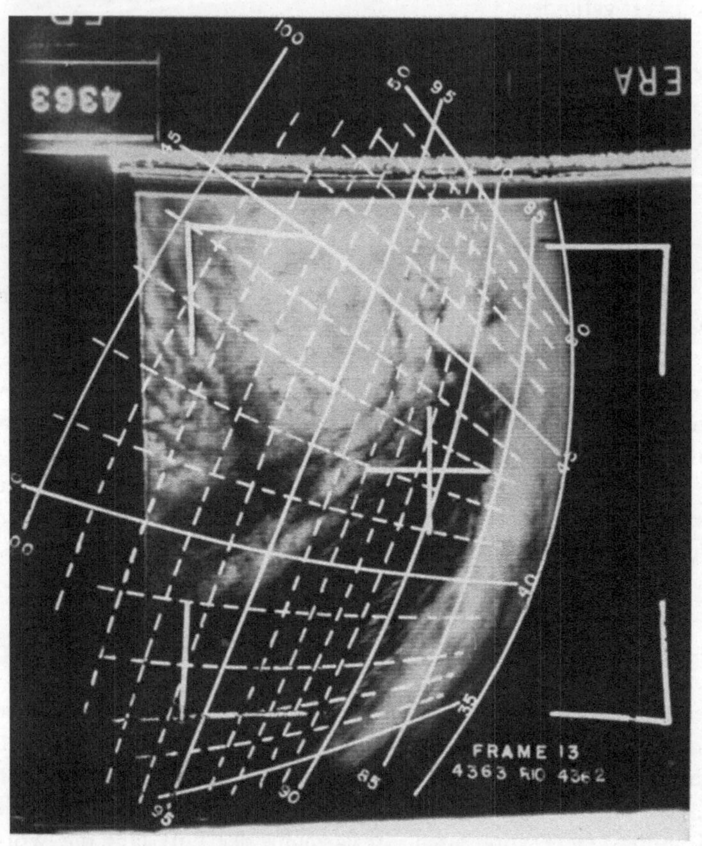

Tafel X. TIROS V-Photo vom 19. April 1963. Ein Netz von Breiten- und Längengraden ist überlagert. Photo: National Environmental Satellite Center, Suitland (Maryland)

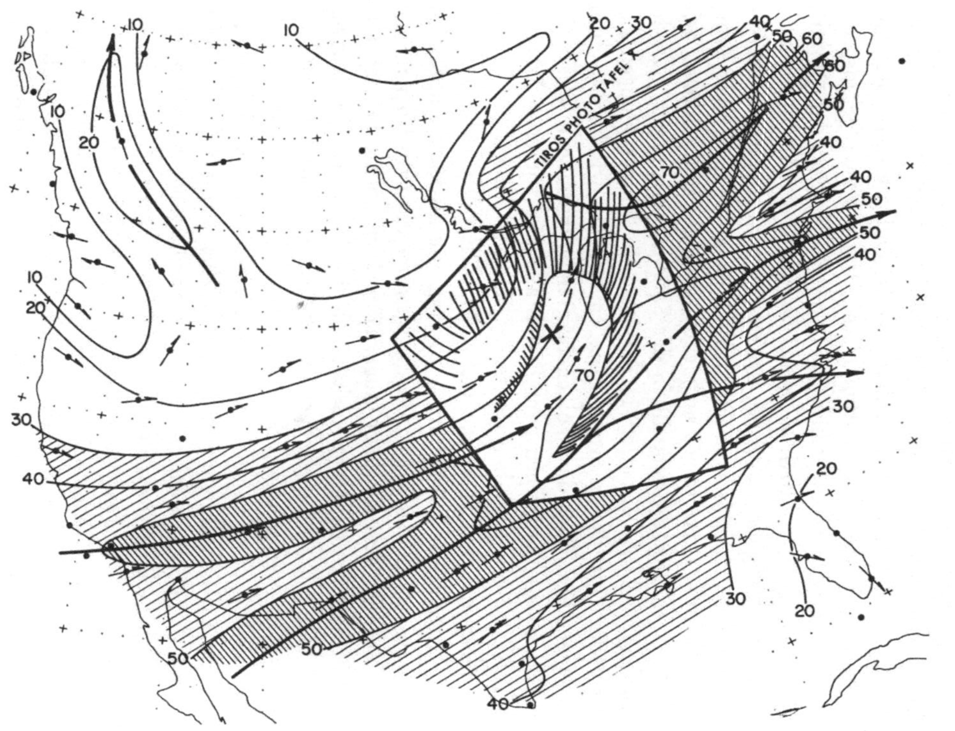

Abb. 72. Isotachen der 250 mb-Fläche am 20. April 1963. Die stark umrandete Fläche entspricht dem Gesichtsfeld des in Tafel X gezeigten Satellitenbildes, das durch TIROS V aufgenommen wurde

gender Bewegung verbunden ist. Das wolkenfreie Band, welches absinkende Bewegung andeutet, taucht gemäß Abb. 71 unter das bewölkte Band ein. Von hier können wir dieses wolkenfreie Band nicht länger identifizieren, denn die wolkenlose Luftmasse bleibt unter dem Wolkenband verborgen. Ein Flugzeug, das jedoch durch dieses Gebiet fliegt, würde einen Zirrenschirm in der Nähe des Tropopausenniveaus und darunter einen wolkenleeren Raum feststellen.

Im Bereich der großen Sturmzyklone sehen wir ein weites Gebiet mit dichten Wolken im TIROS-Bild. Diese Wolken nehmen jedoch tiefere Atmosphärenschichten ein und werden durch die Aufwärtsbewegung, die in Abb. 69 angedeutet wurde, hervorgerufen. Diese tiefe Wolkenschicht, die trockene Region der Absinkbewegung und das hoch gelegene Wolkenband, das durch aufsteigende Bewegung im Bereich des Strahlstroms erzeugt wurde, tragen zu der merkwürdigen spiralförmigen Anordnung einer typischen Sturmzyklone, so wie sie in einem Satellitenbild erscheint, bei.

Mit den Fortschritten, die in der Satellitentechnologie gemacht wurden, sind wir nicht nur in der Lage Wolkenverteilungen aus der Höhe einer Raumstation zu sehen, sondern wir können auch die ungefähre Höhe der Wolkenobergrenze abschätzen. Wasser in der Form von Tröpfchen oder Eiskristallen, so wie es in Wasser- oder Eiswolken enthalten ist, sendet Strahlen im Infrarotbereich des elektromagnetischen Spektrums aus. Diese Wellenlängen sind für das menschliche Auge etwas zu lang, um als Licht empfunden zu werden. Wir können jedoch Instrumente konstruieren, die empfindlicher sind als unser Auge. Diese Instrumente können tatsächlich Infrarotstrahlung „sehen". Je niedriger die Temperatur einer Wolke ist, desto geringer ist der Betrag an Infrarotstrahlung (oder Wärmestrahlung), die von der Wolke ausgesandt wird. Unsere Instrumente (die wir Radiometer nennen, da sie die Intensität der Strahlung messen) sehen daher warme Wolken heller als kalte Wolken. Wenn wir in erster Annäherung annehmen, daß die Wolkenobergrenze dieselbe Temperatur besitzen wie die sie umgebende klare Luft, so können wir unmittelbar daraus schließen, daß kalte Wolken höher in die Troposphäre reichen als warme Wolken. Die genaue Wolkenhöhe erhalten wir dadurch, daß wir die mittels Satelliten gemessene Temperatur der Wolkenoberfläche (aus der vermessenen Infrarotstrahlung abgeleitet) mit der vertikalen Temperaturverteilung vergleichen, die wir aus dem nächstgelegenen Radiosondenaufstieg ablesen können.

Aus derartigen Messungen können wir tatsächlich die Existenz eines Bandes von hoch gelegenen Wolken, das in die Zyklone spiralförmig eintritt, feststellen, sowie eine Decke niedriger Wolken, mit wolkenfreier Fuft zwischen diesen beiden Wolkenbänken. Das Infrarotauge eines Satelliten hilft uns also die Struktur einer Zyklone zu erforschen.

In den Kondensationsprozessen wird, so wie wir dies früher bereits festgestellt haben, latente Wärme an das aufsteigende Luftpaket abgegeben. Diese Wärmequelle kompensiert teilweise die Abnahme der Temperatur, welche durch den Expansionsprozeß der aufsteigenden Luft gegen tieferen Druck hin hervorgerufen wird. In vielen Fällen zeigt es sich, daß die Wärmemenge, die der Luft durch Kondensation des Wasserdampfes in Form von Wolkentröpfchen hinzugefügt wird, ausreicht, um das aufsteigende Luftpaket wärmer als seine Umgebung zu machen. Warme Luft ist jedoch weniger dicht als kalte Luft. Unter diesen Umständen wird also das Luftpaket aus seinen eigenen Auftriebskräften heraus immer weiter aufsteigen. Diese steigenden Luftblasen werden in überwältigender Schönheit in der blumenkohlartigen Gestalt von Cumuluswolken deutlich (Tafel I). Ist die Auftriebsenergie der aufsteigenden „Blasen" feuchter und wolkiger Luft groß, so können diese u. U. große Höhen erreichen und Anlaß zu Gewitterbildung geben.

Wie wir in Abb. 71 gesehen haben stellt die Strahlstromregion ein Gebiet dar, in welchem aufsteigende Bewegungen und Wolkenbildung in großem Ausmaß vorgefunden werden. Die auf Seite 15 getroffene Feststellung, daß Gewitter sich häufig in der Nähe des Strahlstromes bilden, findet daher nunmehr eine logische Erklärung.

Würden wir in der Deltaregion eines Strahlstrommaximums einen Querschnitt senkrecht zur Höhenströmung legen, so könnten wir nunmehr die einfache Darstellung der Abb. 69 durch eine detailliertere Ansicht, die in Abb. 73 wiedergegeben ist, ergänzen. Wir finden aufsteigende Luftbewegung und tief gelegene Wolken in der Nähe des Tiefdruckzentrums. Eine deutlich ausgeprägte

Frontalzone separiert die kalten von den warmen Luftmassen. Merkwürdigerweise stellt jedoch der obere Teil dieser Frontalzone nicht eine Mischung der beiden Luftmassen dar, sondern enthält trockene, wolkenfreie und absinkende Luft, die unterhalb der Strahlstromachse einfließt (Abb. 71). Diese Luft stammt eigentlich aus der Stratosphäre und fließt aus dem linken rückwärtigen Quadranten des Jet-Maximums in die Frontalzonen ein. Wir nen-

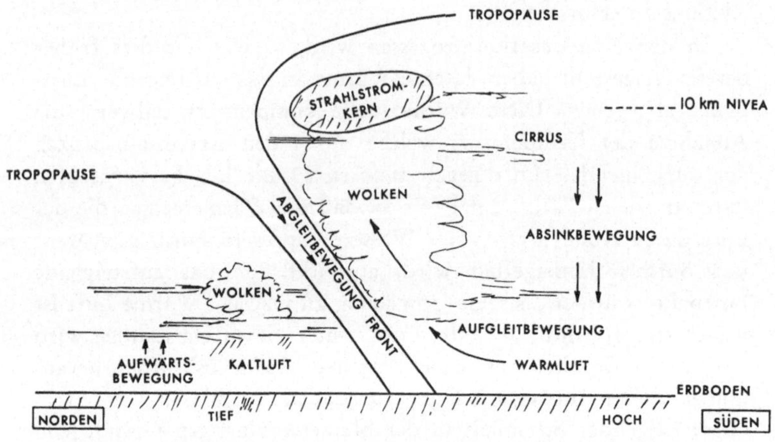

Abb. 73. Der schematische Querschnitt durch den Polarfront-Jet zeigt die Verteilung von Wolken und Vertikalbewegung im Strahlstrombereich

nen diesen oberen Teil der Frontalzone die *Jet-Stream-Front,* da sie aufs Engste mit den Bewegungsvorgängen im Bereich des Jet-Maximums verbunden ist.

Über der Frontalzone finden wir aufsteigende Luftbewegungen vor, in Übereinstimmung mit dem aufsteigenden Strömungsast, der in Abb. 71 gezeigt wurde. Wolken, Niederschlag, Böenlinien und Gewitter können mit dieser aufsteigenden Luftbewegung verknüpft sein. Weiter südlich des Strahlstromes finden wir schließlich Schönwetter, das mit der Hochdruckregion in Zusammenhang steht.

Während der Jahre in denen Atombombentests durchgeführt wurden, konnte man feststellen, daß die stratosphärische Luft, die in die Jet-Stream-Front eindrang, einen hohen Radioaktivitätsgehalt besaß. Ursprünglich dachte man, daß radioaktive Zerfallsprodukte, die in der Stratosphäre suspendiert waren, für lange Zeit in großer Höhe schweben würden, da diese Luftschichten große Stabilität besaßen und keine Konvektionsbewegungen aufwiesen, so wie sie in der Troposphäre auftreten und dort starke vertikale Mischungsprozesse hervorrufen. Es zeigte sich jedoch, daß der Strahlstrom in der Lage ist, große Mengen an stratosphärischer Luft — und die damit verknüpfte radioaktive Verseuchung — im Bereich der Jet-Stream-Front in die Troposphäre zu verfrachten. Von hier gelangen die radioaktiven Zerfallsprodukte durch Auswaschen in Regen- oder Schneefällen oder durch langsames Aussickern in den Antizyklonen auf der äquatorialen Seite des Strahlstromes zum Erdboden.

Unglücklicherweise sah man die Bedeutung des Strahlstromes im Transport atomarer Zerfallsprodukte erst dann ein, als der erste Schaden bereits vorlag. Die Archive berichten von etlichen Fällen starken radioaktiven Ausfalls, der anscheinend aus dem Nichts auftrat. (Glücklicherweise blieben die Konzentrationswerte selbst dieser starken Verseuchungswellen noch unterhalb des Niveaus, das von Ärzten derzeit als gefährlich angesehen wird.) Der große Eifer, mit welchem die Nationen auf beiden Seiten des Eisernen- und des Bambusvorhanges mit ihren nuklearen Knallfröschen zu spielen begannen, zwang die Atombehörde dazu, ein großes Netzwerk von Überwachungs- und Beobachtungsstationen aufzustellen. An jeder dieser Stationen wird Luft durch ein feinporiges Papierfilter gesaugt. Ein Geigerzähler mißt die Radioaktivitätsmenge, die auf diesem Filterpapier angesammelt wurde.

Da war z. B. der radioaktive Ausfall vom 17.—20. September 1961. Die Filterpapiere, die aus den östlichen Vereinigten Staaten und entlang der Golfküste eingesammelt wurden, ließen die Geigerzähler bis zu 800 Picocurie pro Kubikmeter durchgesaugter Luft emporschnellen. (Anzeigen von einem Picocurie oder weniger werden als normal angesehen, sogar zur Zeit als Atombombentests der vergangenen Jahre eine geringe Verseuchung der Luft bewirkten.)

Woher war dieser dramatische Anstieg in der Luftradioaktivität gekommen? War ein unterirdischer Test in Nevada der Anlaß? Wenn ja, wie konnte diese Radioaktivität in derartig großen Mengen entkommen? Auf der Suche nach einer Antwort ergab sich ganz unerwartet ein Hinweis. Ungefähr zur selben Zeit starteten etliche amerikanische Wissenschaftler riesige Ballone von einer kanadischen Station in der Nähe von The Pas. Diese Ballone waren mit Instrumenten ausgerüstet, die die Intensität der kosmischen Strahlung messen sollten. Zwei derartige Ballonflüge, am 14. und 15. September, lieferten vollkommen unerwartete Daten. Anstatt die Kernstrahlung zu messen, die mit der kosmischen Strahlung in der hohen Stratosphäre zu erwarten war, zeigten die Aufzeichnungen dieser Ballons unglaublich starke Spitzen in weniger als $3^1/_2$ km über dem Meeresniveau, die durch eine mysteriöse Kernstrahlung hervorgerufen wurden. Was war an diesen Messungen schiefgegangen?

Nichts. Durch reinen Zufall hatten die amerikanischen Ballone eine unsichtbare Wolke von radioaktiven Zerfallsprodukten durchquert, welche in der Sowjetunion durch einen am 10. September über Nowaja Zemlja erfolgten Test in die Luft geschleudert wurden. Diese Debriswolke wanderte im Strahlstrom, bis sie die arktische Küste Kanadas erreichte. Dann begann sie durch die stabile Jet-Stream-Front unterhalb des Strahlstromkernes abzusinken. Die Wolke war gerade in etwa $3^1/_2$ km Höhe über dem Meeresniveau angelangt, als die für kosmische Strahlungsmessungen ausgerüsteten Ballone sie durchquerten. Drei Tage später begannen die ersten radioaktiven Partikelchen im Gebiet von New York herabzufallen, und von da an breitete sich die atomare Verseuchung weiterhin über die südöstlichen Vereinigten Staaten aus.

Ein weiterer interessanter Fall kann aus den Archiven entnommen werden. Am 13. Mai 1962 wurde plötzlich die Milch aus dem „Milcheinzugsgebiet" von Wichita und St. Louis „heiß". Exzessive Beträge von über 600 Picocurie pro Liter Milch wurden in den Milchprodukttests aus diesem Einzugsgebiet festgestellt. (Da Strontium 90, ein radioaktives Zerfallsprodukt, das in Wasserstoffbomben auftritt, in den menschlichen Knochen nach dem Genuß von Milch angesammelt wird, werden die Radioatkivitätsniveaus der Milchprodukte ständig überwacht.) Es zeigte sich, daß 9 Tage früher, am 4. Mai, eine Atombombe amerikanischer Erzeugung in der Nähe der Weihnachtsinseln zur Explosion gebracht wurde. Der Explosionsort lag etwa $2°$ nördlich des Äquators in der Mitte des Pazifischen Ozeans. Unter normalen Umständen würden die Zerfallsprodukte von einem derartigen Experiment lange Zeit die Erde umkreisen, bevor sie die Vereinigten Staaten erreichten. Im gegenwärtigen Fall jedoch benahm sich der Strahlstrom nicht so, wie er es den Lehrbüchern gemäß tun sollte. Westliche Winde in der oberen Troposphäre wurden am 4. Mai über den Weihnachtsinseln festgestellt. Diese Winde fegten die Zerfallsprodukte in einen südwestlichen Strahlstrom, der den Pazifik in rascher Fahrt überquerte. Mit Luftfiltern ausgerüstete Flugzeuge fanden eine „heiße" Wolke von radioaktiven Zerfallsprodukten am 8. Mai über dem Gebiet der Rocky Mountains in einer stratosphärischen Höhe von etwa 50 000 Fuß (15 km). Normalerweise würden atomare Abfallsprodukte, die in derartig großen Höhen dahinwandern, kaum jemanden am Erdboden stören. Im vorliegenden Falle jedoch erzeugte die Höhenströmung in der Gegend von Wichita und Kansas City äußerst starke Gewitterstürme, die am Abend des 8. Mai und in den frühen Morgenstungen des 9. Mai wüteten. Die blumenkohlartigen Gipfel dieser Sturmwolken durchstießen die Tropopause, und die Radarbeobachter berichteten Radarechos aus Höhen von 57 000 Fuß (17 km). (Dies bedeutet, daß Wolkentröpfchen oder Schneekristalle von genügender Größe in diesen Höhen vorhanden waren, so daß sie die Radarwellen reflektieren konnten.) Die Gewitterwolken stießen also in dieser Nacht bis in den Bereich der „heißen" radioaktiven Wolke vor. Das Wasser und Eis, das in den Cumuluswolken enthalten war, übten ihre reinigende Wirkung dahingehend aus, daß sie die radioaktiven Zerfallsprodukte aus der Atmosphäre auswuschen.

Von hier an verlief die Geschichte äußerst einfach: Regen und Hagel stürzten in wolkenbruchartigen Güssen zum Erdboden — durch den Kontakt mit der radioaktiven Wolke in der Stratosphäre radioaktiv verseucht. Der Niederschlag bespülte Wiesen und Weiden. Die Kühe fraßen das Gras und damit die radioaktiven Zerfallsprodukte. Diese Produkte (hauptsächlich Jod 131) wanderten auf diese Weise in die Milch und damit in die Molkerei. Hier wurde die ganze Bescherung vorschriftsmäßig pasteurisiert, homogenisiert, durch Zugaben verbessert, bis zur Unkenntlichkeit modifiziert und dann als „erstklassig frische Milch" abgestempelt. Diese Milch wurde — samt Jod und allem Drum und Dran —

früh morgens vom Milchmann auf die Türschwelle gestellt. Glücklicherweise besitzt radioaktives Jod 131 eine Halbwertszeit von nur 8 Tagen, was bedeutet, daß nach dieser Zeit die Hälfte des ursprünglichen Betrages von Radioaktivität bereits zerfallen ist. Wer seine Milch nicht direkt vom Milchbauern bezog, hatte immerhin die Chance, daß der größte Teil der Radioaktivität zerfallen war, bis in einem Durstanfall die Milchflasche geöffnet wurde.

Glücklicherweise wurden derart alarmierende Vorfälle immer seltener, seit sich die Vereinigten Staaten und die Sowjetunion dazu entschlossen, die Atmosphäre als etwas zu betrachten, das man atmen soll und nicht verseuchen. Seit dem Atomsperrvertrag nahm die Verseuchung der stratosphärischen Luftmassen rasch ab. Leider sind jedoch gesunder Hausverstand und Verantwortlichkeit gegenüber ungeborenen Generationen nicht auf weltweiter Ebene anzutreffen. Es werden daher immer noch von gewissen Nationen nukleare Experimente in der Atmosphäre durchgeführt.

Der Strahlstrom transportiert nicht nur künstliche radioaktive Abfallprodukte. Wir erwähnten in Kapitel I, daß die energiereiche Ultraviolettstrahlung in den hohen Regionen der Atmosphäre Ozon erzeugt. Ein Teil dieses Ozons wird in den Strahlströmen abwärtstransportiert und erreicht auf seinem Weg durch die stabile Schicht der Jet-Stream-Front die untere Troposphäre. Ozon wird schließlich durch Berührung mit dem Erdboden zerstört.

Aus all diesen Beweisstücken müssen wir schließen, daß die Tropopause nicht eine undurchdringliche Trennfläche zwischen Stratosphäre und Troposphäre darstellt. Jeder Strahlstrom besitzt seine eigene Bruchlinie in der Tropopause (Abb. 73), durch die stratosphärische Luft in die Troposphäre ausfließt. Das Reservoir der Stratosphärenluft wird wiederum durch Luftmassen aufgefüllt, die in dem aufwärtsgerichteten Strömungsast, der in Abb. 71 gezeigt wurde, einfließen.

Wir wollen noch einmal Abb. 69 betrachten. Unter dem Divergenzgebiet im linken vorderen Quadranten des Strahlstrommaximums finden wir aufsteigende Bewegungen vor, deshalb kühlt sich dort die Luft ab. Unter dem Konvergenzgebiet hingegen finden wir Absinkbewegung und demzufolge Erwärmung der Luft. Zeichnen wir eine Frontalzone ein, so wie dies in Abb. 73 gezeigt wurde, können wir daraus schließen, daß sich die kalte Luft weiterhin abkühlt, die warme Luft dagegen erwärmt und der Temperaturunterschied zwischen den beiden Luftmassen sich verschärft. In diesem Falle jedoch müßte sich der Druckgradient zwischen dem Hoch- und Tiefdruckgebiet versteilen und deshalb die Windgeschwindigkeit im Jet-Maximum zunehmen. Dies ist tatsächlich der Fall. Dieser Mechanismus bewirkt es, daß das Strahlstrommaximum, wie es in Abb. 65 gezeigt wurde, sich langsam nach Osten hin fortbewegt. Die Temperatur- und Druckgradienten im Bereich der Front versteilen sich durch die Wirkung dieser Vertikalbewegungen, die durch das Jet-Maximum selbst verursacht wurden.

Wir können dieses Problem auch von einem anderen Gesichtspunkt aus betrachten: Falls sich kalte Luft abkühlt und warme Luft erwärmt, nimmt offensichtlich die *potentielle* Energie in diesem Gebiet zu. Wie kann das geschehen? Natürlich auf Kosten der *kinetischen* Energie: Die Luft, die durch das in Abb. 65 gezeigte Strahlstrommaximum fließt, bewegt sich schneller als die Isotachen (Linien gleicher Windgeschwindigkeit) und auch schneller als das Jet-Maximum. Die Luftmassen verzögern daher ihre Geschwindigkeit (d. h. sie verlieren kinetische Energie), während sie aus dem Deltagebiet des Jet-Maximums hinausschießen. Diese *kinetische* Energie wird nunmehr dazu aufgewendet, um *potentielle* Energie aufzubauen. Dies geschieht durch eine Versteilung der Temperatur- und Druckgradienten quer zur Frontalzone, was wiederum bewirkt, daß das Strahlstrommaximum langsam stromabwärts driftet.

Im Einzugsgebiet des Strahlstrommaximums herrschen die entgegengesetzten Verhältnisse vor. Unterhalb der Konvergenzregion (Abb. 65) finden wir Absinkbewegungen, welche, gemäß der Abb. 71, in Kaltluft vonstatten gehen. Die Aufsteigbewegung unterhalb des Divergenzgebietes herrscht jedoch in der Warmluft vor. Absinken von kalter Luft und Aufsteigen von warmer Luft resultiert jedoch in einem Verlust von potentieller Energie. Tatsächlich finden wir, daß diese potentielle Energie in kinetische Energie umgesetzt wird, während sich die Luftmassen auf ihrem Weg in das Strahlstrommaximum beschleunigen.

Zur selben Zeit bewirken die Absinkbewegungen, daß sich die kalten Luftmassen erwärmen, und die Aufsteigbewegungen rufen eine Abkühlung der Warmluft hervor. Es werden also die Temperatur- und Druckgradienten quer zur Frontalzone auf der Rückseite eines Strahlstrommaximums vermindert.

Wir sehen also, daß sich die Frontalzone, die mit einem Strahlstrommaximum verbunden ist, ständig im Deltagebiet dieses Jet-Maximums regeneriert und im Einzugsgebiet dieses Maximums in einem kontinuierlichen Vorgang auflöst. Dadurch vervollständigt sich nunmehr unser Bild der langsamen Stromabwärtsbewegung eines Jet-Maximums.

Die bisher getroffenen Feststellungen erklären so ziemlich alles, was gegenwärtig über Strahlströme bekannt ist. Der Zusammenhang zwischen Strahlstrom und Wetter ist nunmehr eine einfache Angelegenheit der Deduktion aus unseren vorangegangenen Überlegungen. Wo immer ein Strahlstrom Aufwärtsbewegungen in der Troposphäre induziert, besteht eine Möglichkeit für wolkiges Wetter mit Niederschlag — je nach den Feuchtigkeits- und Stabilitätsverhältnissen in der Atmosphäre. Ist die Luftfeuchte hoch, die Stabilität dagegen niedrig, können wir Gewitter, Böenlinien und andere Formen von Unwetter erwarten.

Unterhalb des Konvergenzgebietes, das durch den Strahlstrom verursacht wird, herrscht Absinkbewegung und daher Schönwetter vor. Da dies den mittleren Verhältnissen unterhalb des subtropischen Strahlstromes entspricht, ist es kein Wunder, daß im subtropischen Hochdruckgürtel nur wenig Niederschlag fällt. Eine Bewässerung der Sahara innerhalb dieses Hochdruckgebietes würde die Niederschläge in diesem Gebiet nicht vermehren. Wir müßten zuerst den subtropischen Jet-Stream verschieben und in eine neue Bahn lenken, bevor natürliche Regenfälle die Wüste befruchten würden. Wie sollten wir das jedoch anstellen? Vielleicht dadurch, daß wir die Rocky Mountains und den Himalaya abtragen und an einer neuen Stelle aufbauen? Schließlich sind diese Gebirge es, die den hemisphärischen Strahlstrom in große Mäander zwingen und dadurch die gegenwärtig vorherrschenden klimatischen Bedingungen beeinflussen.

Der Monsun

Da wir die Tropopausenstrahlströme in gemäßigten und hohen geographischen Breiten für die Wetterentwicklung in diesen Gebieten verantwortlich halten können, so sollten wir für ähnliche

Bedingungen in niedrigen Breiten Ausschau halten. In Kapitel VI
lernten wir den östlichen Strahlstrom der Tropen kennen, der in
der Nähe des 100 mb-Niveaus angetroffen wird (bei einer Höhe
von etwa 16 km). Er tritt nur in der nördlichen Hemisphäre während der Sommermonate auf und weht verhältnismäßig beständig
über Südostasien, Indien und Afrika.

Abb. 74 zeigt einen Querschnitt durch die Atmosphäre, der von
Trivandrum, an der Südspitze der indischen Halbinsel, bis Neu
Delhi, in Nordindien, verläuft. Die Radiosondenmessungen, die
dieser Analyse zugrunde liegen, wurden am 25. Juli 1955 während

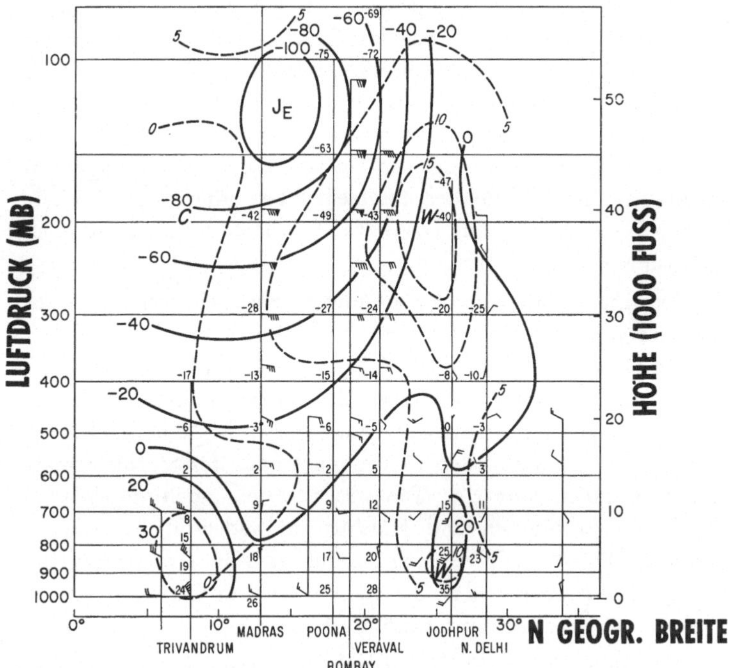

Abb. 74. Analyse eines Querschnittes durch den östlichen Strahlstrom der
Tropen über Indien am 25. Juli 1955. Isotachen (volle Linien) sind in
Knoten beziffert, wobei ein negatives Vorzeichen Ostwinde andeutet.
Isothermen der Temperaturabweichungen von den mittleren Verhält-
nissen in der tropischen Atmosphäre sind durch gestrichelte Linien mar-
kiert und in Celsiusgraden beziffert (nach P. Koteswaram)

der indischen Sommermonsunperiode gemacht. Der Kern des östlichen Strahlstromes ist über Madras gelegen.

Anstelle einer Analyse der tatsächlich gemessenen Temperaturen wurden in diesem Querschnitt Temperatur*abweichungen* von mittleren Bedingungen in der tropischen Atmosphäre in Form von Isothermen (das sind Linien gleicher Temperatur) angefertigt. Dieses Verfahren hat einen gewissen Vorteil. Wie wir vorhin festgestellt haben, finden wir in den Tropen nur geringe horizontale Temperaturdifferenzen. Die Temperaturverteilung in diesem Querschnitt würde daher hauptsächlich durch die normale Abnahme der Temperatur mit der Höhe geregelt. Aus früheren Überlegungen ersahen wir jedoch, daß die *horizontalen* Temperaturunterschiede die horizontalen Druckgradienten kontrollieren, welche wiederum den Jet-Stream antreiben. Wenn wir daher die normale Temperaturverteilung (Temperaturabnahme mit der Höhe) von den tatsächlich gemessenen Temperaturwerten subtrahieren, verbleibt uns eine verhältnismäßig kleine Temperaturanomalie. Diese Anomalien nunmehr kontrollieren die horizontalen Temperatur- und Druckgradienten und daher auch die geostrophische Windverteilung.

Betrachten wir Abb. 74, so finden wir, daß die Luft über Jodhpur um 15 °C wärmer ist als die mittleren Verhältnisse es in den Tropen vorschreiben. Über Trivandrum andererseits ist die Luft ein kleinwenig kälter als den mittleren Bedingungen entspricht. Die größten Anomalien finden wir in der Nähe des 200 mb-Niveaus (40 000 Fuß oder 13 km) unterhalb des Strahlstromkernes. Wir finden dort eine Temperaturverteilung vorgegeben, die Warmluft im Norden und Kaltluft im Süden in Äquatornähe aufweist. Da diese Verteilung in der ganzen Troposphäre gilt, müssen wir erwarten, daß die geostrophischen Ostwinde mit der Höhe zunehmen. Dies ist tatsächlich der Fall.

Oberhalb des Strahlstromniveaus bemerken wir eine Umkehr des horizontalen Temperaturgradienten. Eine Anomalie von + 5 °C über dem Äquator und eine schwächere Anomalie über Nordindien bestimmen diesen Gradienten. Hier ist also, ebenso wie in gemäßigten Breiten, das Strahlstromniveau durch die horizontale Temperaturverteilung bestimmt, welche sich oberhalb der Tropopause umkehrt. Der östliche Strahlstrom der Tropen qualifiziert sich also ebenfalls als „Tropopausenstrahlstrom".

Wir sehen ferner aus Abb. 74, daß unterhalb dieses Strahlstroms keine Front zu finden ist. Die Verhältnisse sind also sehr ähnlich denen, die unterhalb des subtropischen Strahlstromes vorherrschen. Der Unterschied besteht darin, daß letzterer Westwinde aufweist und in der Nähe des 12 km-Niveaus auftritt. Der östliche Tropenstrahlstrom dagegen besitzt Ostwinde und tritt in einer Höhe von etwa 16 km auf. Da in Bodennähe keine Fronten auftreten, finden wir auch über Indien keine Frontalzyklonen. Niederschlag fällt hauptsächlich in schweren Schauern, Gewitterstürmen und Böenlinien.

Die jahreszeitlichen Witterungsänderungen über dem indischen Subkontinent erregten schon seit Jahrzehnten die Aufmerksamkeit der Wissenschaftler, nicht etwa nur aus Neugierde, sondern weil der Lebensunterhalt von fast 600 Millionen Menschen von den Ernteverhältnissen abhängen, die wiederum kritisch vom Monsunregen beeinflußt werden. Schon die Araber, welche mit ihren Schiffen den Indischen Ozean befuhren, waren mit der jahreszeitlichen Drehung der Winde vertraut. Ihr Wort *mausim*, von welchem das Wort „Monsun" abgeleitet ist, bedeutet eigentlich „Jahreszeit". Erst Ende der 50er Jahrer entdeckte man, daß der Strahlstrom mit den monsunalen Wettervorgängen zusammenhängt und sie stark beeinflußt.

Der subtropische Hochdruckgürtel, über welchem der subtropische Strahlstrom weht, wandert mit der Jahreszeit. Im Winter finden wir ihn bei etwa 30° N, im Sommer dagegen bei 40° N. Die enorme Größe des eurasischen Festlandes und die große Ausdehnung der Hochebenen dieses Kontinents beeinflussen die Wanderung dieses Hochdruckgebiets.

Die Energie der Sonnenstrahlung wird inerhalb einer dünnen Schicht der festen Erde, die eine niedrige spezifische Wärme besitzt, absorbiert. In den Ozeanen, die eine hohe spezifische Wärme besitzen, dringt die Sonnenstrahlung tiefer ein, und die Wärmeenergie wird durch Mischungsverhältnisse bis in größere Tiefen transportiert. Daher erreichen die Landmassen höhere Bodentemperaturen und erwärmen sich schneller als die Ozeane. Dasselbe gilt für die Luftmassen, die mit der Erdoberfläche in Berührung stehen.

Aus den in Kapitel VI erworbenen Kenntnissen können wir
verstehen, warum der subtropische Hochdruckgürtel im Sommer
von den asiatischen Landmassen, über denen die Temperaturen
hoch sind, „angezogen" wird. Dieser Effekt wird noch durch die
Erwärmung der Hochebenen verstärkt, da diese in der Regel
wärmer sind als dasselbe Niveau in der freien Atmosphäre über
Indien (Abb. 75). Diese Verhältnisse rufen eine Temperaturvertei-

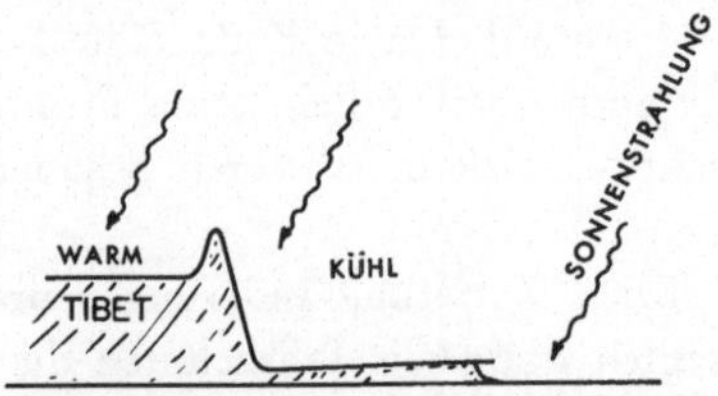

Abb. 75. Sonnenbestrahlung bewirkt, daß das Plateau von Tibet wärmer
ist als die Luft in gleicher Höhe über der Indischen Tiefebene

lung hervor, die Warmluft im Norden und Kaltluft im Süden
aufweist und daher Ostwinde über Indien zur Folge hat, wie wir
sie im östlichen tropischen Strahlstrom vorfinden. Die Skizze in
Abb. 75 würde uns erwarten lassen, daß die wärmsten Temperaturen über dem Plateau von Tibet auftreten. Tatsächlich finden
wir jedoch, gemäß der Abb. 74, die wärmsten Temperaturen über
Nordindien. Es muß also zusätzlich zur Sonnenstrahlung noch eine
weitere Energiequelle existieren, welche die Position und die Stärke
des subtropischen Strahlstromes kontrolliert.

Diese Energiequelle können wir leicht identifizieren. Die südwestliche Monsunströmung in der unteren Troposphäre, welche
die Sommersaison kennzeichnet, trägt eine Menge von Feuchtigkeit vom Indischen Ozean in den Kontinent hinein. Dasselbe gilt
für die Strömungen, die den Kontinent von der Bucht von Ben-
galen aus erreichen. Tiefdruckstörungen, die mit der östlichen
Höhenströmung wandern, erzeugen große Niederschlagsmengen
über den Ganges- und Brahmaputraebenen. Das Freiwerden von
latenter Wärme infolge der Kondensationsprozesse, welche die
beobachteten Nierdeschlagsmengen nach sich ziehen, erzeugt die
warmen Temperaturen, die wir in der oberen Troposphäre über
Nordindien vorfinden.

Wir können also das folgende Modell des Sommermonsuns über Asien aufstellen: Mit der Erwärmung des Kontinents während des Frühlings wandert der subtropische Hochdruckgürtel nach Norden. Die Erwärmung des Plateaus von Tibet veranlaßt die subtropische Hochdruckzelle sich in dieser Position niederzulassen. Der tropische östliche Strahlstrom, der durch diese Hochdruckzelle durch Südwärtsströmung unter Beibehaltung des absoluten Drehimpulses verursacht wird, liegt mit seinem rechten rückwärtigen Quadranten (mit divergenter Strömung im Tropopausenniveau) über Nordindien (Abb. 76). Das Tiefdruckgebiet, das sich unter der divergenten Höhenströmung ausbildet, erlaubt das Einströmen von feuchten Luftmassen, welche während ihrer Aufsteigbewegungen den Wasserdampf kondensieren und eine große Menge von latenter Wärme freisetzen. Letzterer Prozeß ist nunmehr in der

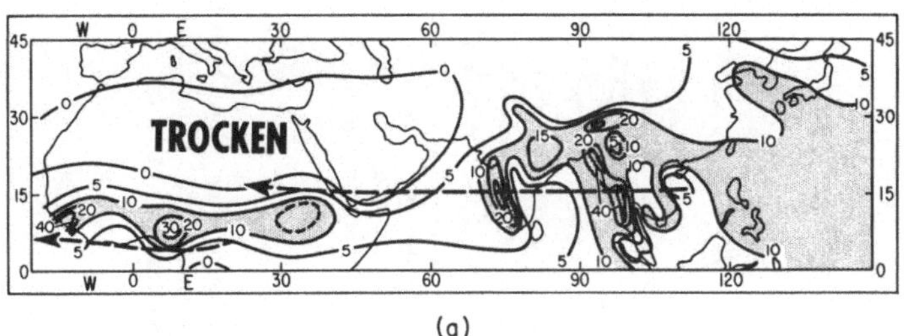

(a)

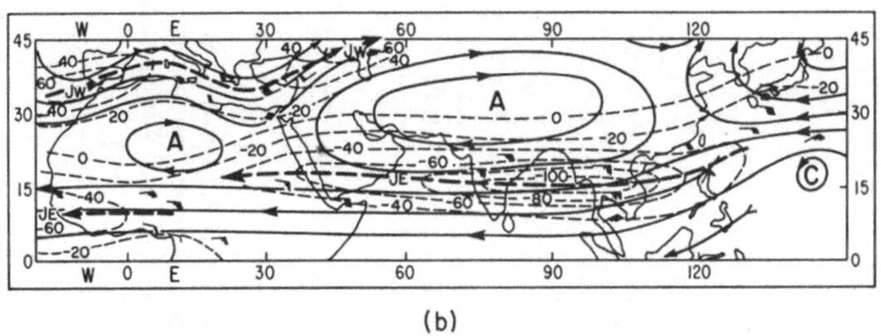

(b)

Abb. 76. a Mittlerer Niederschlag (in Zoll) im Juli und Position der Jet-Achse. Regengebiete sind durch Schraffierung gekennzeichnet. b Isotachen (in Knoten) und Stromlinien auf der 100 mb-Fläche am 25. Juli 1955. Die dickgestrichelten Linien deuten die Strahlstromachsen an. A = Antizyklone, C = Zyklone (nach P. Koteswaram)

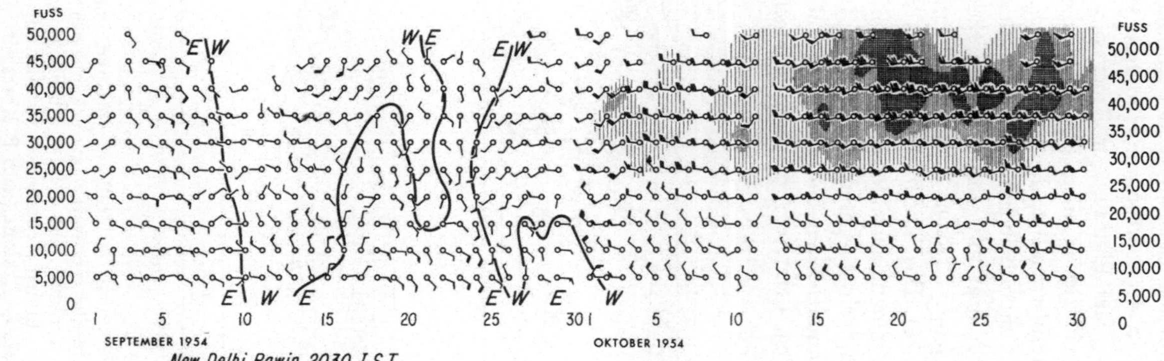

Abb. 77. Zeitschnitt der täglichen Windmessungen über Neu Delhi von September bis Oktober 1954. Volle Linien geben die Trennung zwischen östlichen und westlichen Windrichtungen an. Verschiedene Schattierung kennzeichnet Windgeschwindigkeiten mit mehr als 40, 60, 80 und 100 Knoten

Lage, die Hochdruckzelle in ihrer bestehenden Position festzuhalten und dadurch den östlichen Strahlstrom und die Monsunzirkulation über Indien anzutreiben.

Im Herbst kühlen sich die Kontinente rascher ab als die Ozeane, da erstere ihre Wärmeenergie in einer wesentlich dünneren Schicht und bei einer wesentlich geringeren Wärmekapazität aufgespeichert haben als letztere. In diesem Abkühlungsprozeß führt wiederum das Plateau von Tibet. Es wird plötzlich kälter als die freie Atmosphäre über Indien im selben Niveau. Dieser Temperaturkontrast ruft Westwinde über Nordindien und über der Gangesebene hervor. Der subtropische Hochdruckgürtel ist zu diesem Zeitpunkt bereits nach Süden abgewandert.

Der Wechsel im Höhenwindregime tritt verhältnismäßig schnell innerhalb von wenigen Tagen auf, wie wir aus Abb. 77 entnehmen können. Dieses Diagramm enthält einen *Zeitschnitt* der Radiosonde von Neu Delhi für den Zeitraum September und Oktober 1954. Die vertikale Windverteilung an jedem Tag ist durch kleine Pfeile angedeutet. Am 9. Oktober treten erstmals Westwinde in der Höhe auf. Am 25. Oktober hat sich das westliche Windregime endgültig durchgesetzt, und nur wenige Tage später erscheint der westliche subtropische Strahlstrom in voller Stärke. Dieser Strahlstrom bleibt bis Mai des folgenden Jahres bestehen. Zu diesem Zeitpunkt wird er dann durch Ostwinde in der Höhe verdrängt, die die Sommermonsunsaison charakterisieren.

Strahlstrom und CAT

Bisher haben wir die großräumigen Wechselwirkungen zwischen Strahlstrom und Wetter kennengelernt. Es gibt jedoch auch atmosphärische Bewegungsvorgänge von kleinerem Ausmaß, die einige Bedeutung besitzen, besonders für Piloten der hochfliegenden Düsenflugzeuge. Ab und zu treffen Meldungen ein, daß ein Flugzeug in turbulenten Strömungsverhältnissen weit weg von allen Wolken kräftig durchgeschüttelt wurde. Diese Art von Turbulenz, die ohne jede Vorwarnung und ohne jede sichtbare Ursache auftritt, nennen wir Clear-Air-Turbulence (CAT — Turbulenz im wolkenfreien Raum). Piloten, Passagiere und Luftlinienmanager fürchten sie in gleicher Weise. Dem Piloten fällt es oft schwer, das

Tafel XI. Clear-Air-Turbulenz (CAT) riß das Seitenruder dieses B 52-Bombers während des Fluges ab. Photo: The Boeing Company

Flugzeug unter Kontrolle zu halten, wenn es auf starke Turbulenz stößt. Unter anhaltend turbulenten Flugbedingungen fühlen sich die Passagiere außergewöhnlich unkomfortabel. Es sind mehrere Fälle bekannt, in denen Passagiere oder Stewardessen, die nicht mit ihren Sitzgurten angeschnallt waren, gegen die Decke der Kabine geschleudert wurden und dabei Verletzungen davontrugen. Den Managern der Luftlinien schließlich kommt jede Form der Turbulenz ungelegen, denn das Flugzeug wird dadurch Spannungen ausgesetzt, welche die Lebenserwartung der lebenswichtigen Teile des Flugzeuges herabsetzen. Die Flügel, die Ruderanlagen und der Rumpf werden Vibrationen ausgesetzt, welche u. U. ziemlich große Amplituden erreichen können, wenn das Flugzeug durch eine Turbulenzzone fliegt. Dieser ständige Biegungsvorgang in der Metallstruktur kann zur „Metallmüdigkeit" führen. (Sie haben sicherlich diese „Metallmüdigkeit" schon oft ausgenützt, wenn Sie versuchten einen Draht ohne Drahtschere zu brechen: Sie bogen den Draht hin und her, bis er schließlich abbrach.)

Fälle, in denen ein Flugzeug starke CAT-Strukturschäden erhielt, sind selten, jedoch keineswegs ausgeschlossen. Am 19. Januar 1961 zerschellte eine B 52 in der Nähe von Monticello (Utah). Der Flugzeugführer verlor die Kontrolle über das Flugzeug als es auf schwere CAT stieß. Aus der Art und Weise, in welcher die Flugzeugtrümmer in der Gegend verstreut waren, konnte man nicht genau feststellen, ob die Flügel als eine Folge der Turbulenz abbrachen oder erst als der Pilot bereits mit seinem Fallschirm abgesprungen war.

In einem anderen Fall wurde das Höhenruder einer B 52 abgerissen, als sie über den Gebirgszügen von Colorado auf schwere Turbulenz stieß. Der Pilot, der seine Nerven behielt, flog die Maschine noch längere Zeit ohne Höhenruder, und es gelang ihm schließlich sicher zu landen (Tafeln XI und XII).

Seit Ende der 50er Jahre wissen wir, daß CAT häufiger in der Nähe der Strahlströme auftritt als anderswo, aber erst 1965 kam man den geheimnisvollen Vorgängen in der Turbulenz auf die Spur. Als man daranging, Messungen, die über Australien, den Vereinigten Staaten und der Sowjetunion gemacht wurden, zusammenzustückeln, wurden einige der Geheimnisse, welche CAT umgeben, enthüllt.

Tafel XII. Der schwere Schaden am Ruder einer B 52 zeigt von den Gefahren der CAT. Der Pilot konnte jedoch das Flugzeug sicher zur Landung bringen. Photo: The Boeing Company

Die stabile Schicht der Jet-Stream-Front, welche sich unterhalb des Kerns eines Strahlstroms ausdehnt, beherbergt einen großen Teil der beobachteten CAT. Dasselbe gilt für die Region in der Stratosphäre unmittelbar über dem Strahlstrom. Beide Regionen sind durch stabile atmosphärische Schichtung ausgezeichnet. Warme Luft liegt über kalter Luft, zur selben Zeit herrschen jedoch starke Windscherungen vor. Beide Effekte zusammen — stabile Schichtung und (vetikale) Windscherung — erzeugen Wellen, ähnlich wie wir sie an der Oberfläche eines Sees beobachten, wenn der Wind darüberweht. Da der Dichteunterschied zwischen Wasser und Luft groß ist, sind die Wellen an der Seeoberfläche verhältnismäßig kurz. Der Dichteunterschied zwischen warmer und kalter Luft ist dagegen klein, daher sind die Wellen, die durch die Windscherung an der Trennfläche zwischen Kalt- und Warmluft erzeugt werden, verhältnismäßig lang — sogar etliche hundert Meter lang. Manchmal, wenn genügend Feuchtigkeit in der Luft vorhanden ist, um Cirruswolken zu erzeugen, können wir diese Wellen tatsächlich sehen. Sie erscheinen als Wogen, die in die Cirrenschicht eingebettet sind.

Überschreitet das Zusammenspiel zwischen Stabilität und Windscherung einen gewissen Gleichgewichtszustand, so zeigen diese Wellen eine Tendenz ihre Amplitude zu vergrößern und schließlich in kleine, irregulär angeordnete Wirbel zusammenzubrechen. Diese Wirbel werden als Turbulenz und Böigkeit empfunden, wenn ein Flugzeug durch diese Region fliegt.

CAT wird häufig über Gebirgszügen beobachtet. Eine Erklärung kann darin gefunden werden, daß ein Gebirgszug genügend Störungen in der Luftströmung hervorruft, um Wellenbewegungen hervorzurufen, welche unter idealen Bedingungen bis hoch in die Stratosphäre hinaufreichen können. Diese Wellen haben für gewöhnlich eine Länge von 10 km. Sind sie mit Wolken verbunden (die typischen Lentikularwolken, die in Zusammenhang mit Abb. 13 erwähnt wurden, und in Tafel V gezeigt sind), so können wir sie sogar auf Satellitenbildern feststellen.

Derartige *Leewellen* in der Höhenströmung beherbergen in der Regel eine größere Zahl von dünnen Schichten mit übermäßig starken Windscherungen, welche wiederum für CAT Anlaß geben, so wie wir dies oben beschrieben haben. Es ist wiederum die

Strahlstromregion, die günstige Bedingungen für das Auftreten solcher Leewellen aufweist.

Es gibt immer noch vieles, was wir über CAT lernen müssen. Es existiert z. B. noch immer keine verläßliche Methode, mit welcher dieses Phänomen vorhergesagt werden könnte. Die Konstrukteure der Überschalltransportflugzeuge, welche in naher Zukunft durch die Stratosphäre kreuzen werden, schenken der CAT und ihrem Verhalten beträchtliches Augenmerk.

Kapitel VIII

Nachwort

In den wenig mehr als zwei Dekaden, die vergangen sind, seit der Mensch zum ersten Mal dem Jet-Stream begegnete, wurde mehr Wissen über die Atmosphäre zusammengetragen als in all den vorangegangenen Jahrhunderten menschlicher Entwicklung. Die meteorologischen Wissenschaften spiegeln somit den Sturmschritt der Technologie wider, den unsere Generation gegenwärtig miterlebt. Der erste bemannte Motorflug, die erste zivile Luftlinie, der erste bemannte Satellit, die Landung des ersten Menschen auf dem Mond — all dies geschah innerhalb der Zeitspanne eines Menschenlebens.

Ähnliche Fortschritte können auf anderen Gebieten verzeichnet werden: vom Radio zum Fernsehen bis zu den transistorisierten elektronischen Rechenanlagen; von Einsteins Relativitätstheorie bis zu Kernkraftwerken; von Louis Pasteur zum Salk-Impfstoff. Unter diesem Ansturm der Entwicklungen laufen die technischen Zukunftsromane Gefahr, noch vor ihrer Drucklegung zu veralten.

In den „stillen" Tagen vor dem zweiten Weltkrieg konnte man einem Wissenschaftler noch zumuten, seine Vermutungen auszusprechen, wenn ihn Freunde danach fragten, wohin gewisse technische Entwicklungen führen würden. Heutzutage braucht er die Einbildungskraft eines Dichters, um eine einigermaßen befriedigende Antwort geben zu können. Früher hätte ihm die Antwort auf diese Frage den Ruf eines Träumers eingetragen; heute würde man ihn wahrscheinlich beschuldigen, hinter der Wirklichkeit nachzuhinken. Wird sich das Tempo dieses Fortschrittes weiterhin beschleunigen? Wird es gleich bleiben? Dies sind Fragen, die wir kaum beantworten können.

Was können wir vom Strahlstrom erwarten? Gibt es hier noch Grenzen, über welche wir in unbekannte Gebiete vorstoßen können? Als ein Nachwort zu den Tatsachen in diesem Buch wollen wir einen Blick hinter den Vorhang der Zukunft tun.

Mit dem gegenwärtigen Stand der technischen Entwicklung sind wir in der Lage, den Verlauf des Jet-Stream im Tropopausenniveau zu verfolgen und seine Mäander über den dicht besiedelten Kontinenten der Nordhemisphäre in Karten einzutragen. Die Beobachtungen über den Ozeanen und über den weiten Gebieten der Südhemisphäre lassen jedoch zu wünschen übrig. Über diesen Gebieten existiert kein Beobachtungsnetz, das zuverlässige Daten in regelmäßigen Zeitabständen liefern würde, aus denen wir die Struktur und die Strömungsverhältnisse in den oberen Regionen der Atmosphäre ableiten könnten. Ein solches Beobachtungsnetz aufzustellen, würde eine untragbare Belastung für den Staatshaushalt mancher jungen Nation darstellen.

Um die fehlenden Daten in einer ökonomisch tragbaren Weise sicherzustellen, experimentiert man derzeit mit großen Ballonen aus zähem Mylar, welche bis zu einem Jahr — und manchmal länger — in der Atmosphäre schweben bleiben. Diese Ballone driften mit den Luftströmungen und messen Temperatur und Luftdruck in ihrem Flugniveau. Während sie auf einer Fläche konstanter Dichte schweben, umkreisen sie den Erdball mehrere Male, bevor sie zerplatzen. Werden diese Ballone von Satelliten aus geortet und ihre Position von Tag zu Tag oder von Stunde zu Stunde bestimmt, so können wir aus ihrer Fahrt die Windgeschwindigkeit berechnen und daraus die Veränderungen im Strahlstrom auf einer globalen Basis bestimmen. Es gibt jedoch immer noch einige wichtige Aufgaben für Wissenschaftler und Ingenieure zu lösen. Die elektronischen Geräte, die von den Ballonen getragen werden, müssen widerstandsfähig, jedoch gleichzeitig nicht größer als ein Transistorradio sein und dürfen nur wenige Gramm wiegen. Sowohl die Meßgeräte als auch der Radiosender müssen als dünner Film auf die Haut des Ballons aufgedruckt werden, um dadurch die feste Masse dieser Geräte über eine weite Fläche hin zu verteilen und die Gefahren bei einem möglichen Zusammenstoß mit einem Flugzeug zu vermindern.

Die am Boden stationierten oder in einem Satelliten geführten Ortungsgeräte müssen weiterhin verfeinert werden. Die Kosten für ein derartiges Ballon- und Satellitensystem müssen in tragbaren

Schranken gehalten werden, so daß der Gewinn aus diesen Messungen in einem günstigen Verhältnis zu den Auslagen steht.

Während die technische Entwicklung zur Vermessung der Strahlströme mit neuen Meßgeräten rasche Fortschritte macht, müssen die Analysen- und Vorhersagemethoden ebenfalls verbessert werden. Unter der Fülle von Daten, die von Satelliten, Radiosonden und Bodenbeobachtungen einströmen, werden wir derzeit von der Aufgabe überwältigt zu sortieren, zu filtern, zu überprüfen, auszuwerten und weiterzugeben. Offensichtlich reichen die Gehirne von Dutzenden von Wetterdienstbeamten nicht dazu aus, diese Flut von Daten zu kontrollieren und sie sinnvoll zu verwerten. Die „Intelligenz" von Elektronengehirnen muß dazu verwendet werden. Anstatt den Strahlstrom von Hand aus zu analysieren, füttern wir die Wind- und Temperaturdaten in Rechenanlagen, welche automatisch ihre Analysen anfertigen. Solche Rechenprogramme wurden bereits getestet und sind in täglicher Verwendung, müssen jedoch noch verfeinert werden.

Bisher wurden diese Rechenmaschinen nur dahingehend programmiert, die großräumigen Belange der atmosphärischen Bewegungen und Struktur zu „betrachten". Was geschieht jedoch mit den kleinen Zacken, die wir in vertikalen Windprofilen finden? Wir mußten sie bisher ignorieren, denn ihre Verarbeitung würde die Fähigkeit derzeitiger Elektronengehirne weitgehend übersteigen. In einer zukünftigen Vervollkommnung unserer Datenanalysen müssen wir sie jedoch in Rechnung stellen. Wir wissen, daß die kleinräumige Turbulenz der Atmosphäre, besonders im Strahlstrombereich, sehr stark ist. Sie vermag gefährliche Flugbedingungen zu schaffen, die wir als Clear-Air-Turbulence kennenlernten. Starke Windscherungen, so wie wir sie in der Nähe des Jet-Stream finden, verursachen starke Schubspannungen, welche wiederum dazu führen, daß der glatte Strom der Winde in kleine Wirbel zusammenbricht, die etliche Meter bis zu etliche hundert Meter Durchmesser besitzen. Diese Wirbel können u. U. das Flugzeug kräftig durchschütteln. Verletzte Passagiere und beschädigte oder zumindest durch Metallmüdigkeit beeinträchtigte Flugzeuge zeugen von dieser Turbulenz. Bisher waren wir nicht sehr erfolgreich diese Turbulenz vorherzusagen, doch Ingenieure und Wissenschaftler bemühen sich um eine Lösung des Problems. Sie durchleuchten die Atmosphäre und ihre Strahlströme mit Radar- und Laserstrahlen in der Hoffnung, daß diese turbulenten Wirbel die elektromagnetischen Wellen zurückstreuen. Diese Streustrahlung könnte mit Geräten am Boden oder im Flugzeug entdeckt werden und dadurch ein erstes Warnsystem für „Clear-Air-Turbulence" ermöglichen.

All diese Entwicklungen stecken noch in den Kinderschuhen, doch gibt die Erkenntnis des Problems immerhin Anlaß zur Hoffnung. Das hervorragendste Produkt dieses Jahrhunderts ist der Geist der Teamarbeit und des Zusammenwirkens der verschiedenen wissenschaftlichen Zweigrichtungen und ihrer einzelnen Forscher. Durch eine Definition des Forschungsproblems haben wir bereits einen wichtigen ersten Schritt getan — wir haben gewissermaßen den Feind aus seiner Höhle ausgeräuchert. Er steht nunmehr offen vor uns und wartet darauf, von Praktikern, Theoretikern, Wissenschaftlern, Ingenieuren und von den Finanzministerien der Regierungen angegriffen zu werden.

Stoßen wir in der Erforschung der stratosphärischen und mesosphärischen Strahlströme weit über das Tropopausenniveau vor, so verengt sich unser Angriffsweg in einen schmalen Pfad inmitten eines Gewirrs von technischen Schwierigkeiten, hohen Kosten und vereinfachenden Annahmen in Theorien und in Meßverfahren. Mit der Zeit werden wir Fernmeßgeräte besitzen, die von Satelliten aus kleine Beträge von Strahlung aufspüren können, wie sie durch atmosphärische Gase, z. B. Ozon, ausgesendet werden. Die Entwicklung derartiger Geräte hat bereits begonnen, wartet jedoch immer noch auf technische Verfeinerung. Meßaufstiege mittels Raketen sind derzeit immer noch teuer, sollen jedoch in absehbarer Zukunft wirtschaftlicher und in ihren Messungen genauer werden. Wissenschaftler in einer bemannten Raumstation werden mit hoch entwickelten und sensitiven Instrumenten arbeiten, die zu viele unmittelbare Entscheidungen fordern, als daß sie in einem unbemannten Satelliten geführt werden könnten. Von derartigen Raumstationen aus werden wir in die Lage versetzt, Daten aus diesen hohen Regionen der Atmosphäre zu sammeln und zur Erde zurückzusenden.

Wollten wir abschätzen, was die Entwicklung weiter mit sich bringen wird, müßten wir uns in das Gebiet der Zukunftsromane versetzen. Es wäre voreilig, *exakte* Wettervorhersagen für Wochen und Monate im voraus zu versprechen, selbst wenn alle die oben genannten Entwicklungen Wirklichkeit würden. Wir haben bereits früher in diesem Buch festgestellt, daß es unmöglich ist, alles überall und zu jeder Zeit zu messen. Selbst wenn wir dies tun könnten, wer würde die Daten bearbeiten? Wir können jedoch mit Zuversicht eine ständige Verbesserung in der statistischen Zuverlässigkeit der Vorhersagen erwarten. Kurzfristige Prognosen von kleinräumigen Wetterphänomenen, wie z. B. Tornados, Böenlinien, Clear-Air-Turbulenz usw. werden sich gewaltig verbessern, doch selbst dann noch werden wir kaum eine 100%ige Treffsicherheit erwarten können. Die 2- bis 3-Tage-Vorhersagen für großräumige Wetterverhältnisse, wie z. B. die Bewegung von Hurrikanen und Taifunen, von Schneestürmen und Staubstürmen, werden wesentlich zuverlässiger. Jahreszeitliche Abschätzungen der durchschnittlichen Wetterverhältnisse werden sich ebenfalls verbessern.

Obwohl wir keine perfekte Treffsicherheit in den Wettervorhersagen erwarten können, dürfen wir die Verbesserungen gegenüber unseren gegenwärtigen Leistungen mit dem Wert von Milliarden von Mark bemessen. Wieviel ist es wert, hundert Menschen vor einem Tornado zu bewahren, der im Begriff ist, ein dichtgedrängtes Geschäftsviertel zu zerstören? Welchen ökonomischen Wert besitzen Familienhäuser, Vieh, Maschinen, die rechtzeitig vor den Hochwassern eines heranstürmenden Hurrikans gerettet werden? Wird unsere vermehrte Kenntnis der Launen des Wetters uns schließlich in die lang erträumte Lage versetzen, mit unseren eigenen Waffen die blinde Wut des Wettergottes zu bändigen? Können wir Taifune aus ihrer Bahn lenken? Können wir eine Dürreperiode durch milde Regenfälle ablösen? Können wir die Zerstörungswut eines Hagelsturms vermindern? Obwohl ein Ja zu diesen Fragen noch nicht im nächstjährigen Horoskop zu suchen ist, wurden die ersten Schritte zur Lösung dieser Probleme bereits getan. Wir befinden uns auf einem langen, dornenreichen und schwierigen Weg mit vielen unbekannten Abzweigungen. Die Herausforderung durch die Natur wollen wir jedoch ohne Zögern annehmen.

Grundtatsachen der Trigonometrie

Wir können die Winkel eines rechtwinkeligen Dreiecks statt in Graden auch in Verhältniszahlen von Seiten angeben. Die geläufigen Bezeichnungen, die in der Trigonometrie verwendet werden, sind in Abb. 78 dargestellt.

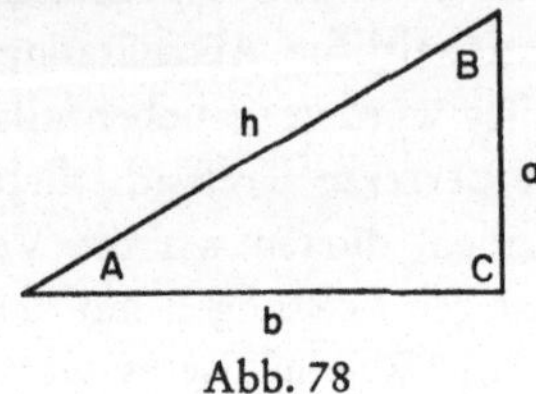

Abb. 78

Der Sinus von A ist gegeben durch das Verhältnis der Seiten $\frac{a}{h}$, der Cosinus von A durch $\frac{b}{h}$, wobei h die lange Seite oder die sog. Hypotenuse, b die Grundseite und a die aufrechte Seite des rechtwinkeligen Dreiecks darstellt.

Wir schreiben

$$\sin A = \frac{a}{h}$$

$$\cos A = \frac{b}{h}.$$

Die Tangente von A ist gegeben durch $\frac{a}{b}$, die Kotangente von A durch $\frac{b}{a}$

Wir schreiben

$$\tan A = \frac{a}{b}$$

$$\cot A = \frac{b}{a}.$$

In ähnlicher Weise können wir sagen, daß

$$\sin B = \frac{b}{b}$$

$$\cos B = \frac{a}{b}$$

$$\tan B = \frac{b}{a}$$

$$\cot B = \frac{a}{b}\,.$$

Die Werte für Sinus, Kosinus, Tangens, Kotangens können für jeden Winkel aus mathematischen Tabellen ermittelt werden.
Zum Beispiel

$$\sin 30° = 0{,}5.$$

Das bedeutet, daß die Seite b doppelt so lang ist wie die Seite a, daher ist $\frac{a}{b} = \frac{1}{2}$.

$$\tan 45° = 1,$$

d. h., daß die Seiten a und b gleich lang sind und ein gleichschenkeliges Dreieck bilden.

Wir können z. B. auch das folgende schreiben:

$$b = a \cdot \cot A,$$

wenn wir die Grundseite des Dreiecks berechnen wollen, dessen Seite a und dessen Winkel A gegeben sind.

Literatur

Reiter, E. R.: Meteorologie der Strahlströme. Berlin-Göttingen-Heidelberg: Springer 1961.

Sachverzeichnis

Herstellung: Konrad Triltsch, Graphischer Betrieb, 87 Würzburg

Verständliche Wissenschaft

Lieferbare Bände: